孫子の兵法

世界が学んだ「競争戦略」の原理原則

守屋 洋
Hiroshi Moriya

三笠書房

【孫《そん》武《ぶ》】生没年不詳。中国・春秋時代の武将・兵法家。元は斉の大夫だったが呉へ逃れる。『孫子』十三篇を書き上げたのち、呉王闔《こう》閭《りょ》に仕え、将軍として呉の覇権に貢献した。『孫子』は以後、戦国時代や歴代王朝、さらには世界の軍事・政治思想にも大きな影響を与えた。

今なお、世界中のビジネスリーダーや政治家など、多くの人々を惹きつけている。

応用性に富む『孫子』――まえがきに代えて

今日、兵法書といえば、多くの人がまっさきに思いうかべるのは『孫子』ではあるまいか。それほど『孫子』という兵法書は広く知られているといってよい。『孫子』は、中国の代表的な兵法書であるばかりでなく、多分、現存する兵法書としては世界最古のものであろう。しかも、たんに古いというだけでなく、書かれてから二千数百年たった現在、なお豊かな応用可能性に富んでいる。その点からいえば、まことに稀《け》有《う》な書といってよいかもしれない。

『孫子』は、春秋時代の兵法家孫武《そんぶ》の著と伝えられている。孫武は、今から二千五百年もむかしの人物であるが、その頃の中国は、幾つもの国が分立して、血みどろの攻伐にあけくれていた。いわゆる弱肉強食の時代である。生き残るためにはどうすればよいか。勝ち残るためにはどんな戦略を必要とするか。強者は強者なりに、弱者は弱者なりに、それぞれの存亡をかけて、対応策を講じなければならなかった。そういう時代の要請にこたえて登場してきたのが、「兵家《へいか》」と呼ばれる戦争のプロフェッショナルたちである。孫武もそういう「兵家」の一人であった。

孫武についてては、あまり詳しいことはわからない。斉《せい》の人とも呉《ご》の人とも伝えられ、『史記』によれば、『孫子』十三篇を著して呉王闔閭《こうりょ》に認められ、軍師としてその富強に貢献したとある。なお、『史記』には、孫武が闔閭のまえで婦人部隊を閲兵する有名な挿話が紹介されているが、その閲兵ぶりがあまりにも『孫子』十三篇の内容とそぐわないので、はたして孫武その人の事跡であったのかどうか、疑問をさしはさむ学者もいる（この挿話については、拙著『覇者の戦略と決断』を参照）。要するに、孫武という人については、今から二千五百年ほどまえ、呉王闔閭に仕えた軍師であるということ以外には、はっきりしたことはわからない。

ところで、中国では、孫武以後、戦国時代までのあいだに、「兵家」の人々によっておびただしい兵法書がものされたらしい。漢《かん》代の初期（紀元前二〇〇年ごろ）には、兵法書の数が百八十二種にのぼっていたといわれるし、それから二百年後の後漢の時代にも、なお五十三種の兵法書が残っていたという記録がある。しかし、それらのほとんどは、今日、伝わっていない。『孫子』は、当時の兵法書のなかで、今日まで生き残った数少ないものの一つである。

なぜ『孫子』が二千数百年の歳月を生き残ることができたのか。ずばりいって、内容がすぐれていたからである。

古来、『孫子』に親しんだ名将は少なくない。

中国には、『三国志』の英雄として知られる曹操《そうそう》がいる。かれはみずから『孫子』を研究して注釈書まで残しているし、その用兵ぶりも、孫子の兵法にかなっていたと評されている。日本では、甲斐の武田信玄が『孫子』軍争篇から「風林火山」の四文字を借りて旗印としたことは広く知られている。また、ヨーロッパでも、ナポレオンが『孫子』を座右の書としてひもといたといわれるし、ドイツ皇帝ヴィルヘルム二世は、第一次世界大戦に敗れたあと、「もし二十年まえに孫子を知っていたら……」と長歎息したという。

現代では、マイクロソフト創業者のビル・ゲイツや、スペースXやテスラを起業したイーロン・マスク、ソフトバンクグループの孫正義氏など、名だたる経営者の愛読書として知られる。

これらは、ほんの一例にすぎないが、東西のすぐれた将領や経営者、起業家たちが、『孫子』にひきつけられたのは、そこに記述されている内容が示唆に富んでいたからにほかならない。

『孫子』は兵法書であり、したがって、戦争の法則性を研究し、勝つため（あるいは負けないため）の戦略戦術を追求したものである。その要点をまとめれば、つぎのようになるであろう。

（一）、戦争を正確に指導し、勝利を勝ちとる第一の鍵は、「彼を知り己れを知る」（謀攻篇）ことにある。彼我の戦力を検討したうえで、**勝算があれば戦い、勝算がなければ戦うべきでない**。

（二）、第二の鍵は、**主導権を奪取すること**。つまり、「人を致して人に致されず」

（虚実篇）を心がける。そのためには、相手の兵力を分散して守勢に追いこみ、そのうえで、「実を避けて虚を撃つ」（虚実篇）ことを考えなければならない。

（三）、「その無備を攻め、その不意に出ず」（始計篇）ることも、勝利を得る重要な条件となる。**戦争はしょせん、だまし合い**である。したがって、いかに敵の目をくらますかが、重視されなければならない。

（四）、戦いは、「正を以って合し、奇を以って勝つ」（兵勢篇）。つまり、**正（正攻法）と奇（奇襲）の二つの作戦を組み合わせ、奇によって勝利を収める**。そのためには、「迂直の計」（軍争篇）に熟達しなければならない。

（五）、**守勢のときには、じっと鳴りをひそめ、攻勢のときには、いっきにたたみかける**。つまり、「その疾《はや》きこと風のごとく、その徐《しず》かなること林のごとく」（軍争篇）、「始めは処女のごとく、後には脱兎《だつと》のごとし」（九地篇）でなければならない。

（六）、**兵力に応じた戦い方を心がける**。つまり、十倍の兵力なら包囲し、五倍の兵力なら攻撃し、二倍の兵力なら分断し、互角の兵力なら勇戦し、劣勢の兵力なら退却し、勝算がなければ戦わない（謀攻篇）。

（七）、「兵の形は水に象《かたど》る」（虚実篇）。つまり、兵力の分散と集中に注意し、たえず

敵の情況に対応して変化しなければならない。

『孫子』の魅力は、このような戦略戦術論が、人間に対する深い洞察によって裏打ちされているところにある。そしてそのことが、『孫子』に、現在なお豊かな応用可能性を与えているのだ。さる著名な財界人が、「『孫子』を読んで、人間社会を生きる知恵を教えられた」と述懐したといわれるが、たんなる戦略戦術の兵法書としてだけでなく、人間関係の書としても、経営戦略の書としても読めるところに、『孫子』のあやしげな魅力があるといえよう。

本書は、『孫子』十三篇の全訳である。訳出にあたっては、諸本を参照したが、特に『十一家注孫子』（中華書局）に負うところが大であった。また、実戦例については、主としてつぎの諸本を参考とした。

市川宏他訳『史記』全六巻
丸山松幸他訳『三国志』全五巻

守屋洋編訳『中国名将列伝』
守屋洋編訳『史録・中国の兵法』

本書が、競争が激化するビジネス社会に生きる人々の〝実戦の書〟として読まれることを期待しつつ。

守屋　洋

目次

第2章

作《さく》戦《せん》篇——「速戦即決」で早期収束を心がけよ

第3章

謀《ぼう》攻《こう》篇——「戦わずして勝つ」ことが最善の策

第4章 軍《ぐん》形《けい》篇——不敗の態勢で「自然の勝利」を目ざせ

第5章 兵《へい》勢《せい》篇——集団の力を発揮して「勢い」に乗るべし

第6章

虚《きよ》実《じつ》篇——「主導権」を握って変幻自在に戦え

第7章 軍《ぐん》争《そう》篇——「迂《う》直《ちょく》の計」で相手の油断を誘え

第8章

九《きゅう》変《へん》篇
――大局観で「臨機応変」に対応せよ

第9章

行《こう》軍《ぐん》篇
――「作戦行動」の心得と「敵情探索」の秘訣

第10章

地《ち》形《けい》篇——「地形」を掌握し、部下の統率に意を用いよ

第11章

九《きゅう》地《ち》篇——部下の「やる気」と集団の「力」を引き出す方法

第12章

火《か》攻《こう》篇——冷徹に「戦争目的」を達成すべし

第13章

用《よう》間《かん》篇——「情報収集」「謀略活動」に力を入れよ

本文イラスト　ミマチハル

第1章

始《し》計《けい》篇

――事前に的確な「見通し」を立てよ

始計篇のことば

＊兵は国の大事にして、死生の地、存亡の道なり

＊勢とは利に因りて権を制するなり

＊兵は詭道《きどう》なり

＊能なるもこれに不能を示す

＊その無備を攻め、その不意に出ず

＊算多きは勝ち、算少なきは勝たず

1 兵は国の大事

孫子曰《いわ》く、兵は国の大事にして、死生の地、存亡の道なり。察せざるべからず。

戦争は国家の重大事であって、国民の生死、国家の存亡がかかっている。それゆえ、くれぐれも慎重に対処しなければならない。

戦争は何も生まない

経済学の立場からいうと、**戦争とは「最終経済」である**といわれている。つまり、**生産がなく消耗だけ**であるというのだ。

考えてみると、**人間の営為のなかで戦争ほど無駄なことはない**。中国人はむかしから戦争について、「兵は不祥《ふしょう》の器《うつわ》」（『老子』）、「兵は凶器」（『史記』）と認識してきた。ここでいう「兵」とは、戦争の意味である。

【老子《ろうし》】 生没年不詳。中国春秋時代の諸子百家のうちの道家《どうか》思想の開祖とされる人物

『孫子』とならぶ兵法書の『尉繚子《うつりょうし》』にも、

「戦争はやむをえず行なうものである。敵対せぬ国を攻撃してはならず、無辜《むこ》の民を殺してはならぬ。ひとの親たる者を殺し、ひとの財産を奪い、ひとの子女を奴隷にするのは、どれをとっても、盗賊の所行ではないか。戦争とは、暴逆な者を罪し、不正を抑止するための、万やむを得ぬ手段にすぎない」

とある。

しかし、そう認識しながら戦争を根絶できなかったのは、まぎれもない事実であって、『孫子』のむかしから、数かぎりない戦争が行なわれてきた。

『孫子』は冒頭でまず、戦争の重大性をズバリ指摘する。それを認識したうえで、**戦争の法則性を研究せよ**というのだ。

まことにきびしい指摘であるといわなければならない。そして、これが『孫子』十三篇を貫く根本の思想となっている。

では、どういう問題に慎重に対処するのか。『孫子』は次のように語る。

【史記《しき》】 中国・前漢時代に歴史家の司馬遷《しばせん》によって紀伝体で編纂された歴史書。およそ二千数百年に及ぶ通史

司馬遷

【尉繚子《うつりょうし》】 中国・戦国時代（紀元前五世紀〜前二二一年）に尉繚によって書かれたとされる兵法書。武経七書《ぶけいしちしょ》のひとつ

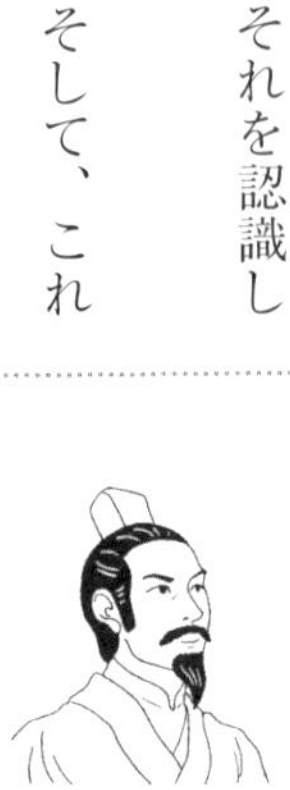
尉繚

2 勝算を読む五原則

故《ゆえ》に、これを経《はか》るに五事を以《も》ってし、これを校《くら》ぶるに計を以ってして、その情を索《もと》む。一に曰く道、二に曰く天、三に曰く地、四に曰く将、五に曰く法。道とは、民をして上と意を同じくせしむるなり。故に以ってこれと生くべくこれと死すべくして、危《あやう》きを畏《おそ》れず。天とは、陰陽、寒暑、時制なり。地とは、遠近、険易《けんい》、広狭《こうきょう》、死生なり。将とは、智、信、仁、勇、厳なり。法とは、曲制《きょくせい》、官道、主用なり。およそこの五者は、将、聞かざることなきも、これを知る者は勝ち、知らざる者は勝たず。

それには、まず五つの基本原則をもって戦力を検討し、ついで、七つの基本項目をあてはめて彼我《ひが》の優劣を判断する。

五つの基本原則とは、「道」「天」「地」「将」「法」にほかならない。

「道」とは、国民と君主を一心同体にさせるものである。これがありさえすれば、国民は、いかなる危険も恐れず、君主と生死をともにする。

「天」とは、昼夜、晴雨、寒暑、季節などの時間的条件を指している。

「地」とは、行程の間隔、地勢の険阻、地域の広さ、地形の有利不利などの地理的条件を指している。

「将」とは、知謀、信義、仁慈、勇気、威厳など将帥の器量にかかわる問題である。

「法」とは、軍の編成、職責分担、軍需物資の管理など、軍制に関する問題である。

この五つの基本原則は、将帥たるもの誰でも一応は心得ている。しかし、これを真に理解している者だけが勝利を収めるのだ。中途半端な理解では、勝利はおぼつかない。

道理が通らない戦争では兵もやる気が出ない

『孫子』は、戦力を検討する基本原則として、「道」「天」「地」「将」

「法」の五項目をあげる。「道」とは大義名分の意である。中国人はむかしから「師（戦争）を出だす《い》に名《めい》（大義名分）あり」でなければならないと考えてきた。大義名分のない軍事行動は「無名の師」として退けられてきたのである。なぜ大義名分が必要なのか。いうまでもなく、それがなければ、将兵を奮起させることができず、挙国一致の態勢がとれないからである。

「天」とは「天の時」、「地」とは「地の利」ということであろう。また、「将」とは将帥たる者の資格条件を指している。

『孫子』のあげる五原則は、将帥だけではなく、広く組織のリーダーの条件として読んでも面白い。ちなみに「信」の原義は「約束を守ること」といったくらいの意味である。したがって公約を破るような政治家は、『孫子』をしていわしむれば、リーダー失格ということになろう。

最後に、「法」とは軍制、軍律の意である。これがないと、兵士の一人ひとりがいかに強くても、軍としてのまとまりを欠き、たんなる烏合《うごう》の衆と化してしまう。

3 戦局を占う七項目

故に、これを校《くら》ぶるに計を以ってして、その情を索《もと》む。曰く、主、孰《いず》れか有道なる、将、孰れか有能なる、天地、孰れか得たる、法令、孰れか行なわる、兵衆、孰れか強き、士卒、孰れか練《なら》いたる、賞罰、孰れか明らかなる、と。吾、これを以って勝負を知る。

さらに、次の七つの基本項目に照らし合わせて、彼我の優劣を比較検討し、戦争の見通しをつける。

一、君主は、どちらが立派な政治を行なっているか。

二、将帥は、どちらが有能であるか。

三、天の時と地の利は、どちらに有利であるか。

四、法令は、どちらが徹底しているか。

五、軍隊は、どちらが精強であるか。
六、兵卒は、どちらが訓練されているか。
七、賞罰は、どちらが公正に行なわれているか。
わたしは、この七つの基本項目を比較検討することによって、勝敗の見通しをつけるのである。

政治優位の思想

たんに自国の戦力に検討を加えただけでは十分でない。**己れを知ると同時に敵を知らなければならない**（謀攻篇）というのが『孫子』の基本認識である。ここでは、七つの項目について比較検討しているわけだが、その検討対象が軍事力だけではなく、広く政治の面にまで及んでいることに注目したい。つまり、孫武は**「政治のよしあしが戦争の勝敗を決定する重要な要素である」**と認めていたのである。

孫武はたんなる戦争のプロではなく、すぐれた政治指導者でもあった。そのことが、今なお『孫子』が説得力を失わない理由の一つなのだ。

4 わが計を聴かば、必ず勝たん

もしわが計を聴かば、これを用いて必ず勝たん。これに留《とど》まらん。もしわが計を聴かずんば、これを用うるといえども、必ず敗れん。これを去らん。

王が、もしわたしのはかりごとを用い、軍師として登用するなら、必ず勝利を収めることができる。それなら、わたしは貴国にとどまろう。逆にわたしのはかりごとを用いなければ、かりに軍師として戦いにのぞんだとしても、必ず敗れる。それなら、わたしは貴国にとどまる意志はない。

『孫子』十三篇を携えて王に謁見《えっけん》した孫武

『史記』孫子列伝によれば、孫武が呉王闔閭《こうりょ》に見《まみ》えたときの様子がつぎのように記されている。

「孫子武は斉人《せいひと》なり。兵法をもって呉王闔閭に見ゆ。闔閭曰く、『子の十三篇われ尽《ことごと》くこれを観《み》る。もって少しく試みに兵を勒《ろく》すべきか』。対《こた》えて曰く、『可《か》なり』。闔閭曰く、『試みに婦人をもってすべきか』。曰く、『可なり』」

ということで、このあと孫武が婦人部隊を練兵する有名な場面が紹介されている。この『史記』の記述によると、孫武は、すでに『孫子』十三篇を著し、それをもって闔閭に謁見《えっけん》を求めたことがわかる。したがって、訳文に王とあるのは闔閭、貴国とあるのは呉の国のことである。

孫武は、このときの実地試験にパスし、闔閭の軍師としてとどまることになった。

【闔閭《こうりょ》】生年不詳～前四九六年。中国春秋時代に活躍した、第六代呉王。春秋五覇の一人に数えられる

5 臨機応変の対処

計、利として以って聴かるれば、すなわちこれが勢をなして、以ってその外を佐《たす》く。勢とは利に因《よ》りて権を制するなり。

さて、まえに述べた七項目において、こちらが有利であるとしよう。つぎになすべきことは、「勢《せい》」を把握して、基本項目を補強することである。「勢」とは、その時々の情況にしたがって、臨機応変に対処することをいう。

基本にこだわりすぎた馬謖《ばしょく》

ここで述べられているのは、基本と応用の問題である。基本に忠実であることが大前提なのはいうまでもないが、しかし、それだけでは勝てない。**勝つためには、基本と応用の両面に熟達する必要がある。**

基本に忠実になりすぎてかえって敗北を招いたケースとして、蜀《しょく》の馬《ば》謖《しょく》の場合をあげてみよう。「泣いて馬謖を斬る」のあの馬謖である。

西暦二二八年、蜀の諸葛亮《しょかつりょう》（字《あざな》は孔明《こうめい》）が、北征の軍をおこしたとき、かねてから目をかけていた参謀の馬謖を先鋒《せんぽう》軍の指揮官に任命した。馬謖は街亭《がいてい》で敵の軍団に遭遇した。するとかれは副官らの制止もきかず、山の上に布陣して相手を迎え撃った。『孫子』にも「およそ軍は高きを好みて下《ひく》きを悪《にく》む」（行軍篇《こうぐんへん》）とあるように、布陣のさいには高所を選ぶのが基本とされる。馬謖は基本に忠実だったのである。それが、この場合はまずかった。敵の将軍張郃《ちょうこう》は、蜀軍が山上に布陣したのを見るや、すかさず水や兵糧の補給線を断ち、持久戦に出た。水を断たれては持久できない。坐して死を待つよりはと、馬謖は全軍に下知《げち》して、山を駆けおりたが、待ちかまえていた敵の餌食《えじき》になってしまったのである。

基本は書物から学ぶことができる。だが、応用を身につけるには実戦経験を積まなければならない。馬謖はこれが決定的に欠けていたのだ。

【馬謖《ばしょく》】一九〇年～二二八年。中国後漢末期から三国時代にかけて蜀で活躍した武将。頭脳明晰で諸葛亮は高く評価した

【諸葛亮《しょかつりょう》（諸葛孔明《こうめい》）】一八一年～二三四年。中国後漢末期から三国時代に活躍した蜀漢の政治家・軍師。劉備玄徳に三顧の礼を以って迎えられ、「天下三分の計」を奏上したことで知られる

【泣いて馬謖を斬る】組織の規律を保つために個人の情を捨てて違反者を処分することのたとえ

6 兵は詭《き》道《どう》なり

兵は詭《き》道《どう》なり。故に能なるもこれに不能を示し、用なるもこれに不用を示し、近くともこれに遠きを示し、遠くともこれに近きを示し、利にしてこれを誘い、乱にしてこれを取り、実にしてこれに備え、強にしてこれを避け、怒にしてこれを撓し、卑にしてこれを驕らせ、佚にしてこれを労し、親にしてこれを離す。その無備を攻め、その不意に出ず。これ兵家の勝にして、先には伝うべからざるなり。

戦争は、しょせん、だまし合いである。
たとえば、できるのにできないふりをし、必要なのに不必要とみせかける。遠ざかるとみせかけて近づき、近づくとみせかけて遠ざかる。有利と思わせて誘い出し、混乱させて突きくずす。充実している敵には退いて備えを固め、強力な敵に対しては戦いを避ける。わざと挑発して消耗させ、低姿

勢に出て油断を誘う。休養十分な敵は奔命に疲れさせ、団結している敵は離間をはかる。敵の手薄につけこみ、敵の意表をつく。これが勝利を収める秘訣である。これは、あらかじめこうだと決めてかかることはできず、たえず臨機応変の運用を心がけなければならない。

司馬《しば》仲達《ちゅうたつ》の猫かぶり作戦

古来、名将・智将と言われた者のなかには、この「だまし合い」に長《た》けた者が多い。魏《ぎ》の将軍の司馬懿《しばい》（字は仲達《ちゅうたつ》）もその一人だった。二二八年、上庸《じょうよう》の孟達《もうたつ》を攻めたときには、快進撃を続けて電光石火攻め滅ぼしたのに対し、十年後に遼東《りょうとう》の公孫淵《こうそんえん》を包囲したときには、のんびり構えていっかな攻撃にかかろうとしない。しびれを切らした参謀が、「先年、上庸の孟達を攻めたときは、全軍、昼夜兼行で進撃し、わずか五日であの堅城を落とし、孟達を斬って捨てました。このたびは長途の遠征にもかかわらず、このようにのんびり構えておられるとは。なにとぞ仔《し》細《さい》をおきかせください」

【司馬懿《しばい》（司馬仲達《ちゅうたつ》）】一七九〜二五一年。中国三国時代の魏の武将。諸葛孔明の指揮する蜀軍と戦い、五丈原で孔明を病死に追い込む

と、つめ寄ったところ、仲達はこう答えたという。

「いや、あのときとこんどの場合とでは情況がまったくちがう。よいか、**戦《いくさ》というのはだまし合い**じゃよ。情況がちがえば作戦もちがってくる。今の相手は大軍のうえに雨という味方までついている。食糧不足にはおちいっているが、なかなか参ったとはいうまい。ここは、わざと手も足も出ないふりをして相手を安心させるのが上策。**目先の利益につられて、ちょっかいを出すのは、下策以外のなにものでもない**」

猫かぶり戦術で相手の油断を誘った仲達は、やがて機をみて猛攻撃に転じ、いっきょに公孫淵を撃ち破ったのである。

【公孫淵《こうそんえん》】生年不明〜二三八年。中国三国時代に遼東から北朝鮮一帯を治めた燕国の王。司馬懿によって滅ぼされた

7 算多きは勝ち、算少なきは勝たず

それいまだ戦わずして廟算《びょうさん》勝つ者は、算を得ること多ければなり。いまだ戦わずして廟算勝たざる者は、算を得ること少なければなり。算多きは勝ち、算少なきは勝たず。而《しか》るをいわんや算なきに於いておや。吾、これを以ってこれを観れば、勝負見《あら》わる。

開戦に先だつ作戦会議で、勝利の見通しが立つのは、勝利するための条件がととのっているからである。逆に、見通しが立たないのは、条件がととのっていないからである。条件がととのっていれば勝ち、ととのっていなければ敗れる。勝利する条件がまったくなかったら、まるで問題にならない。この観点に立つなら、勝敗は戦わずして明らかとなる。

勝ち目のない戦に突っ込んだ日本軍

「勝算がなければ戦わない」（謀攻篇）というのが『孫子』の基本認識である。自国の戦力、彼我の優劣を検討するのは、みな勝算のあるなしを明らかにするためである。それは可能であり、しかも必要不可欠な前提であると孫武は考えている。

山本五十六《やまもといそろく》元帥は昭和の提督のなかでは一、二を争う名将だとされている。しかし、そのかれをして、太平洋戦争の開戦にあたっては「一年ぐらいは存分にあばれてみせる。しかし、その先のことはわからない」と語ったという。他は推《お》して知るべし。勝利の見通しもなしにはじめられた太平洋戦争は、『孫子』にいわせれば、最も拙劣な戦争であった。

【山本五十六《やまもといそろく》】一八八四〜一九四三年。新潟県長岡市出身の海軍軍人で最終階級は元帥海軍大将。並外れたリーダーシップを発揮し、「やってみせ　言って聞かせて　させてみせ　ほめてやらねば　人は動かじ」の名言を残した

第2章

作《さく》戦《せん》篇

——「速戦即決」で早期収束を心がけよ

作戦篇のことば

＊兵は拙速《せっそく》を聞くも、
いまだ巧の久しきを睹《み》ざるなり

＊善《よ》く兵を用うる者は、役《えき》、再籍《さいせき》せず、糧、三載《さんさい》せず

＊智将は務めて敵に食《は》む

＊兵は勝つことを貴《たっと》び、久しきを貴ばず

1

日に千金を費《つい》やして、十万の師挙《あ》がる

孫子曰く、およそ兵を用うるの法は、馳《ち》車千駟《しやせんし》、革《かく》車千乗《しやせんじよう》、帯甲《たいこう》十万にて、千里に糧を饋《おく》る。則《すなわ》ち内外の費、賓客の用、膠漆《こうしつ》の材、車甲の奉、日に千金を費《つい》やして、然《しか》る後に十万の師挙《あ》がる。

およそ戦争というものは、戦車千台、輸送車千台、兵卒十万もの大軍を動員して、千里の遠方に糧秣《りようまつ》を送らなければならない。

したがって、内外の経費、外交使節の接待、軍需物資の調達、車輛《しやりよう》・兵器の補充などに、一日千金もの費用がかかる。さもないと、とうてい十万もの大軍を動かすことができない。

勝っても負けても「国力の消耗」は避けられない

孫武《そんぶ》の時代は、戦車による車戦で勝敗を決した。ただし、戦車といっても、馬に引かせた車、すなわち馬車である。一台の戦車には原則として三人の戦士が乗り、これを四頭の馬に引かせた。各戦車にはそれぞれ農民兵が従卒として従ったが、その数は七十五人説、三十人説、十人説などがあってはっきりしない。

戦車千台の軍備を有する国を「千乗《せんじょう》の国」と称したが、これは当時にあっては相当な大国といってよい。

ここで『孫子』はまず、戦争には莫大な費用がかかることを力説する。孫武の時代、中国には何十もの国が分立し、血みどろの武力抗争にあけくれていた。

戦争には、国の存亡がかかっている。負ければもちろん、**たとい勝ったとしても、下手な勝ち方をすれば、国力を消耗して、国の滅亡を招きかねない**のである。

では、どうするか。詳しく見ていこう。

【春秋時代の戦車】

2 戦は短期決戦にかぎる

その戦いを用うるや、勝つも久しければ、則《すなわ》ち兵を鈍《にぶ》らし鋭を挫《くじ》く。城を攻むれば、則ち力屈す。久しく師を暴《さら》さば、則ち国用足らず。それ兵を鈍らし鋭を挫き、力を屈し貨を殫《つ》くさば、則ち諸侯、その弊に乗じて起こらん。智者ありといえども、その後を善《よ》くすること能《あた》わず。故に兵は拙速を聞くも、いまだ巧の久しきを睹《み》ざるなり。それ兵久しくして国利あるは、いまだこれあらざるなり。故に尽《ことごと》く用兵の害を知らざれば、則ち尽く用兵の利を知ること能わざるなり。

たとい戦って勝利を収めたとしても、長期戦ともなれば、軍は疲弊《ひへい》し、士気も衰える。城攻めをかけたところで、戦力は底をつくばかりだ。長期にわたって軍を戦場にとどめておけば、国家の財政も危機におちいる。こうして、軍は疲弊し、士気は衰え、戦力は底をつき、財政危機に見舞わ

れれば、その隙に乗じて、他の諸国が攻めこんでこよう。こうなっては、どんな知恵者がいても、事態を収拾することができない。

短期決戦に出て成功した例は聞いても、長期戦に持ちこんで成功した例は知らない。そもそも、長期戦が国家に利益をもたらしたことはないのである。それゆえ、戦争による損害を十分に認識しておかなければ、戦争から利益をひき出すことはできないのだ。

明治の指導者と昭和の指導者

「兵は拙速を聞く」——短期決戦によって早期収束をはかるのが『孫子』の兵法の原則である。ずるずると長期戦にひきずりこまれれば、たとい勝ったとしても、ろくな結果にはならない。

ここで思い出されるのは、明治の指導者と昭和の指導者のちがいである。日露戦争は、当時の日本にとっては、国の命運をかけた戦いであった。幸い、戦《いくさ》そのものは連戦連勝の勢いで勝ち進んだ。陸軍は奉天の会戦で大勝利を収め、海軍は日本海海戦で敵のバルチック艦隊を壊滅させ、国民は勝った、勝ったで浮かれ騒いだ。しかし、当時の指導者は、国力の限界をみきわめる冷静な判断力を失わず、早期終結に踏み切った。

これに対し、昭和の指導者は、とくに軍部は、かれら自身が「勝った、勝った」で浮かれてしまい、早期収束などいっこうに考えようとしなかった。その結果、泥沼のような長期戦に巻きこまれ、ついに国家を滅亡の瀬戸際にまでおちいらせてしまったのである。

3
智将は敵に食《は》む

善く兵を用うる者は、役《えき》、再籍《さいせき》せず、糧、三載《さんさい》せず。用を国に取り、糧を敵に因《よ》る。故に軍食足るべきなり。国の師に貧するは、遠く輸《おく》ればなり。遠く輸れば、則ち百姓《ひやくせい》貧し。師に近き者は貴売す。貴売すれば、則ち百姓、財竭《つ》く。財竭くれば、則ち丘役《きゆうえき》に急なり。力屈し財殫《つ》き中原の内、家に虚《むな》し。百姓の費え、十にその七を去る。公家の費え、破車罷馬《ひば》、甲冑矢弩《しど》、戟楯蔽櫓《げきじゆんへいろ》、丘牛《きゆうぎゆう》大車、十にその六を去る。故に智将は務めて敵に食《は》む。敵の一鍾《しよう》を食むは、わが二十鍾に当たり、萁秆《きかん》一石は、わが二十石に当たる。

戦争指導にすぐれている君主は、壮丁《そうてい》の徴発《ちようはつ》や糧秣の輸送を二度三度と追加することはしない。装備は自国でまかなうが、糧秣はすべて敵地で調達する。だから、糧秣の欠乏に悩まされることはない。

戦争で国力が疲弊するのは、軍需物資を遠方まで輸送しなければならないからである。したがって、それだけ人民の負担が重くなる。また、軍の駐屯地では、物価の騰貴《とうき》を招く。物価が騰貴すれば、国民の生活は困窮《こんきゅう》し、租税負担の重さに苦しむ。かくして、国力は底をつき、国民は窮乏のどん底につきおとされ、全所得の七割までが軍事費に持って行かれる。また、国家財政の六割までが、戦車の破損、軍馬の損失、武器・装備の損耗《そんもう》、車輛《しゃりょう》の損失などによって失われてしまう。

こういう事態を避けるため、知謀《ちぼう》にすぐれた将軍は、糧秣を敵地で調達するように努力する。敵地で調達した穀物一鍾《しょう》は自国から運んだ穀物二十鍾分に相当し、敵地で調達した飼料一石《せき》は自国から運んだ飼料二十石分に相当するのだ。

人民解放軍が掲げた「三大規律八項注意」

敵地で調達するといっても、民衆から略奪することではない。正当な代価を支払って買い上げるのである。もっとも戦いの結果としての鹵獲《ろかく》品はそのかぎりでない。要するに、ここで『孫子』がいっているのは**輸送費節減の問題**であり、そのための現地調達なのである。

かつての太平洋戦争で、補給の乏しかった日本軍は各地で略奪行為を働き、現地住民の支持を失うことが少なくなかった。これでは戦いに勝てない。これと対照的であったのが、中国の人民解放軍である。

かれらは、**「三大規律八項注意」**というきびしい規律をみずからに課し、着々と民衆の支持を集めていった。参考としてその全文を引用しよう。

「三大規律」――①いっさいの行動は指揮に従う。②大衆のものは針一本、糸一すじもとらない。③いっさいの鹵獲品は公のものとする。

「八項注意」――①ことばづかいはおだやかに。②売り買いは公正に。③借りたものは返す。④こわしたものは弁償する。⑤人をなぐったり、ののしったりしない。⑥農作物を荒らさない。⑦婦人をからかわない。⑧捕虜《ほりょ》をいじめない。

4

勝ってますます強くなる

故に敵を殺すものは怒なり。敵の利を取るものは貨なり。故に車戦して車十乗已上《いじょう》を得れば、その先ず得たる者を賞し、而してその旌旗《せいき》を更《か》え、車は雑《まじ》えてこれに乗り、卒《そつ》は善くしてこれを養う。これを敵に勝ちて強を益《ま》すと謂《い》う。故に兵は勝つことを貴《たっと》び、久しきを貴ばず。故に兵を知るの将は、生民の司命、国家安危の主なり。

兵士を戦いに駆り立てるには、敵愾心《てきがいしん》を植えつけなければならない。また、敵の物資を奪取させるには、手柄に見合うだけの賞賜《しょうし》を約束しなければならない。それ故、敵の戦車十台以上も奪う戦果があったときは、まっさきに手柄を立てた兵士を表彰する。そのうえで、捕獲《ほかく》した戦車は軍旗《ぐんき》をつけかえて味方の兵士を乗りこませ、また俘虜《ふりょ》にした敵兵は手厚くもてなして自軍に編入するがよい。

勝ってますます強くなるとは、これをいうのだ。

戦争は勝たなければならない。したがって、長期戦を避けて早期に終結させなければならない。この道理をわきまえた将軍であってこそ、国民の生死、国家の安危を託すに足るのである。

敵の軍需工場はわれらの武器庫

敵の装備や兵器を奪取して味方の戦力を増大させていけば、「勝ってますます強くなる」のも道理である。近年これをやって、みごと『孫子』の説を実証してくれたのが、中国の人民解放軍である。

第二次世界大戦中、連合国軍はしきりに蔣介石《しょうかいせき》の国民政府軍に武器・弾薬をはじめ、さまざまな軍需物資を援助した。国民政府軍は日本軍との戦いを回避して、もっぱら共産党との内戦に、それらの武器や軍需物資を投入したが、次々に敗北を喫し、連合国からの援助物資は国民政府を経由して共産党の側に渡っていったのである。だから、当時、毛沢東《もうたくとう》は、満々たる自信をもって、こういい切ることができたのだ。
「われわれの基本方針は、帝国主義と国内の敵の軍需工業に依存することである。われわれはロンドンと漢陽の軍需工場に権利をもっており、しかも敵の輸送隊がこれを運んでくれる。これは真理であって、けっして笑い話ではない」（『中国革命戦争の戦略問題』）
　このくだりはまた、企業の人事管理の参考にもすることができる。
「敵を殺すものは怒なり、敵の利を取るものは貨なり」とは、①やる気を起こさせる、②業績は正当に評価してやる、ということに通じよう。

『呉子《ごし》』にみる将たるの条件

『孫子』はこのあともさまざまな角度から将の条件について言及しているが、ここでは参考として、同じ兵法書の『呉子』が説いている「将たるの条件」を紹介しておこう。

『呉子』は、「世人が将を論ずる場合、勇気を第一にあげるが、勇気というのは、将たるの条件の何分の一かであるにすぎない」として、つぎ

【呉子《ごし》】中国・戦国時代に著された兵法書で「武《ぶ》経七書《けいしちしょ》」の一つ。魏の武公などに仕えた呉起《ごき》の著と伝えられる

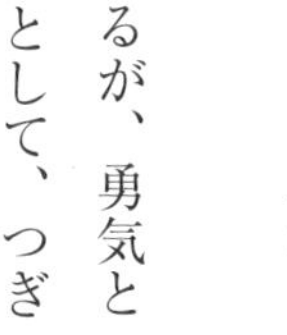
呉起

の五条件をあげている。

理（管理）——大勢の部下を一つにまとめて集団としての力を発揮させること。

備（準備）——ひとたび門を出たら、至るところに敵がいるつもりでいること。

果（決意）——敵と相対したとき、生きようとする気持ちを捨てること。

戒（自戒）——たとい勝っても、緒戦のような緊張感を失わないこと。

約（簡素化）——形式的な規則や手続きを簡素化すること。

第3章

謀《ぼう》攻《こう》篇

——「戦わずして勝つ」ことが最善の策

謀攻篇のことば

＊百戦百勝は善の善なるものにあらず

＊上兵は謀《ぼう》を伐《う》つ

＊小敵の堅は、大敵の擒《きん》なり

＊以って戦うべきと

以って戦うべからざるとを知る者は勝つ

＊彼を知り己れを知れば、百戦して殆《あや》うからず

1 百戦百勝は善の善なるものにあらず

孫子曰く、およそ兵を用うるの法は、国を全うするを上となし、国を破るはこれに次ぐ。軍を全うするを上となし、軍を破るはこれに次ぐ。旅《りょ》を全うするを上となし、旅を破るはこれに次ぐ。卒《そつ》を全うするを上となし、卒を破るはこれに次ぐ。伍《ご》を全うするを上となし、伍を破るはこれに次ぐ。この故に、百戦百勝は善の善なるものにあらず。戦わずして人の兵を屈するは善の善なるものなり。

戦争では、敵国を傷《いた》めつけないで降服させるのが上策である。撃破して降服させるのは次善の策にすぎない。敵の軍勢にしても、傷めつけないで降服させるのが上策であって、撃破して降服させるのは次善の策だ。大隊、中隊、小隊も、同様である。したがって、百回戦って百回勝ったとしても最善の策ではない。戦わずに敵を降服させることこそが、最善の策なのだ。

クラウゼヴィッツの『戦争論』と『孫子』の共通点

「戦争とは、まったく政治の道具であり、政治的諸関係の継続であり、他の手段をもってする政治の実行である」「戦争は手段であり、目的は政治的意図である。そしていかなる場合でも、手段は目的を離れては考えることができないのである」

　プロシアの将軍クラウゼヴィッツがその著『戦争論』のなかでこう説いたのは、十九世紀の初めのことであるが、『孫子』は目的とか手段といったことばこそ使っていないが、すでに二千数百年もまえに、これと同じ認識を確固として抱いていた。

『孫子』にとって、**戦争は政治目的を達するための手段にすぎない**。戦う以上は当然勝つことが要請される。以下各章において、勝つための方法、条件をあらゆる角度から分析し、検討を加えているが、勝つことはあくまでも手段であって、目的ではない。しかも、戦争には莫大な費用がかかることはすでに述べた通りだ。ゆえに**「百戦百勝は最善の策ではない。戦わないで勝つことがベストだ」**という認識が生まれるのである。

【戦争論】一八三二年刊行。プロシア（現ドイツ）の将軍カール・フォン・クラウゼヴィッツによる、戦争の本質と軍事戦略を説いた書物。未完のままクラウゼヴィッツが死去したため、妻のマリーが遺稿を編集し、全十巻として出版

クラウゼヴィッツ

2 上兵は謀《ぼう》を伐《う》つ

故に上兵は謀《ぼう》を伐つ。その次は交《こう》を伐つ。その次は兵を伐つ。その下《げ》は城を攻む。城を攻むるの法は、已《や》むを得ざるがためなり。櫓《ろ》、轒轀《ふんおん》を修め、器械を具《そな》う。三月にして後に成る。距闉《きょいん》また三月にして後に已む。将その忿《いか》りに勝《た》えずして、これに蟻附《ぎふ》せしめ、士を殺すこと三分の一にして、城抜けざるは、これ攻の災《わざわ》いなり。

したがって最高の戦い方は、事前に敵の意図を見破ってこれを封じることである。これに次ぐのは、敵の同盟関係を分断して孤立させること。第三が戦火を交えること。そして最低の策は、城攻めに訴えることである。城攻めというのは、やむなく用いる最後の手段にすぎない。

城攻めを行なおうとすれば、大盾《おおだて》や装甲車など攻城兵器の準備に三カ月はかかる。土塁を築くにも、さらに三カ月を必要とする。そのうえ、血気はやる将軍が、兵士をアリのように城壁にとりつかせて城攻めを強行すれば、どうなるか。兵力の三分の一を失ったとしても、落とすことはできまい。城攻めは、これほどの犠牲をしいられるのである。

司馬仲達と秀吉

「戦わないで勝つことがベスト」だとすれば、**武力の行使よりも政治戦略が重視される**ことになる。洋の東西を問わず、すぐれた戦争指導者はいずれも**戦わずに敵の意図を封じこめることを最重点目標**としてきた。

三国《さんごく》時代、諸葛孔明《しょかつこうめい》と五丈《ごじょうげん》原で対陣した司馬懿《い》（仲達）のやり方がこれだった。このときの仲達の政治目的は孔明の軍を撤退させることにあった。必ずしも勝つ必要はない。相手を撤退に追いこめば、それでよいのである。

そこで仲達はひたすら守りを固めて、相手の撤退を待つ構えに出た。これでは、遠征軍を率いる孔明としては具合が悪い。たびたび使者を送

【諸葛孔明】↓29ページ参照

【司馬懿】↓31ページ参照

って挑戦状をたたきつけたばかりか、婦人用の髪飾りや装飾品を贈って仲達の怒りを激発させようとした。「なんと貴様は女々しいやつだ。男ならかかってこい」というわけである。だが、それでも仲達は乗らない。待ちくたびれた孔明はついに過労から病を発し、五丈原の陣中で没した。仲達はいちども戦わず一兵も損ずることなく、相手を撤退に追いこんだのである。

わが国で、戦わずに勝つことを心がけた武将としては、さしずめ豊臣秀吉あたりが筆頭格であろう。中国地方の経略などはその好例で、播磨《はりま》、但馬《たじま》、備前《びぜん》をとるのに、ほとんど合戦らしい合戦をやっていない。外交、謀略などを使って、相手を手なずけ、降服させたのだ。後に、最大の難敵となった家康を臣従させたのも、外交交渉によるところが大であった。

できるだけ戦いを避け、政治・外交戦略で相手を降服させることができれば、味方の戦力は無傷のまま温存することができる。秀吉が、信長のなしえなかった天下統一の大業を比較的短時日のあいだに完成させることのできた秘訣の一つはこれであった。

3 戦わずして勝つ

故に善く兵を用うる者は、人の兵を屈するも、戦うにあらざるなり。人の城を抜くも、攻むるにあらざるなり。人の国を毀《やぶ》るも、久しきにあらざるなり。必ず全《まった》きを以《も》って天下に争う。故に兵頓《つか》れずして、利全かるべし。これ謀攻の法なり。

したがって、戦争指導にすぐれた将軍は、武力に訴えることなく敵軍を降服させ、城攻めをかけることなく敵城をおとしいれ、長期戦に持ちこむことなく敵国を滅ぼすのである。すなわち、相手を傷めつけず、無傷のまま味方にひきいれて、天下に覇をとなえる。かくてこそ、兵力を温存したまま、完全な勝利を収めることができるのだ。

これが、知謀に基づく戦い方である。

塚原卜伝《ぼくでん》の無手勝流《むてかつりゅう》

「戦わずして勝つ」は戦争だけではなく、個人の処世にも応用することができる。剣をとらせては、戦国時代きっての達人と称された塚原卜伝が、諸国漫遊中、とある渡し場の舟のなかで、一人の武芸者と口論になった。相手が「何流か」ときくので、「無手勝流《むてかつりゅう》だ。刀を抜くのは未熟な証拠である」とやりかえしたところ、相手の武芸者が激怒し、「ならばこの場で決着をつけよう」と試合をいどんできた。卜伝は、「よろしい。ここは船中ゆえ人の迷惑になる。向こうに島があるから、あそこで心ゆくまで勝負をつけよう」といって舟を島へ向けさせた。

舟が島へ近づくと、武芸者は待ちかねたように大刀を抜き、身をひるがえして島へとんだ。すると卜伝は、船頭の水棹《みさお》を手にして舟を沖のほうに押しやり、「無手勝流とはこれだ。そこでゆっくりと休息なさるがよい」と叫んだという。

「戦わずして勝つ」とは、つまり**武力ではなく**、**頭脳で戦うこと**といってもよい。現代風に言えば、**企画力で勝負する**のである。

【塚原卜伝《ぼくでん》】 生没年不詳。日本の戦国時代に活躍した剣豪。現在の茨城県鹿嶋市に生まれ、武者修行の旅に出て剣術を磨いた。弟子に、後に将軍となる足利義輝《よしてる》や足利義昭《よしあき》、伊勢国司北畠《きたばたけ》具教《とものり》らがいる

4 勝算がなければ戦わない

故に兵を用いるの法、十なれば、則《すなわ》ちこれを囲み、五なれば、則ちこれを攻め、倍すれば、則ちこれを分かち、敵《てき》すれば、則ちよくこれと戦い、少なければ、則ちよくこれを逃《のが》れ、若《し》からざれば、則ちよくこれを避《さ》く。故に小敵の堅《けん》は、大敵の擒《きん》なり。

戦争のしかたは、次の原則に基づく。
十倍の兵力なら、包囲する。
五倍の兵力なら、攻撃する。
二倍の兵力なら、分断する。
互角の兵力なら、勇戦する。
劣勢の兵力なら、退却する。

勝算がなければ、戦わない。
味方の兵力を無視して、強大な敵にしゃにむに戦いを挑めば、あたら敵の餌食になるばかりだ。

劉邦《りゅうほう》と家康と次郎長

『孫子』の考え方は、きわめて柔軟かつ合理的である。つまり無理がないのだ。その特徴がこのくだりにもよく表れている。「小敵の堅は、大敵の擒なり」で、『孫子』の兵法には、かつての日本軍が得意とした玉砕戦法などはない。兵力劣勢ならば逃げよといい切っている。玉砕してしまったのでは、元も子もない。**逃げて戦力を蓄えておけば、いつの日か勝利を期待できる**というわけだ。

逃げ足の早かった点では、漢の高祖《こうそ》劉邦《りゅうほう》などがその典型である。項羽《こうう》に天下分け目の戦いを挑んだとき、しばしば苦杯を喫したが、そのたびに逃げて戦力を立てなおし、ついに項羽を撃ち破っている。

日本の例をあげれば、「逃げ逃げの家康天下取る」と称された徳川家

【劉邦《りゅうほう》】紀元前二四七～前一九五年。農民出身ながら陳勝・呉広の乱に乗じて故郷で挙兵、次第に勢力を増し秦王朝を滅亡に追いやる。のちに項羽を倒し中国を統一、漢の初代皇帝となる

康も逃げ足が早かったし、「東海道一の大親分」と称された清水次郎長も、相手の力が一枚上だと見ると、さっさと逃げ出すのが常だったという。戦争でも喧嘩《けんか》でも、大をなす者は、逃げのテクニックに長《た》けていたのだ。

逃げるのは積極戦略

現代の企業経営においても、ゴー・サインは誰にでも出しやすい。トップとしての資格が問われるのは、形勢利あらず、劣勢に立たされたときの判断である。撤退の時期を誤らないことこそすぐれた経営者の条件といえる。

そのさい、撤退とは反転攻撃に出るための準備であることを銘記したい。けっして敗北思想ではなく、むしろ勝利をめざす積極戦略なのである。中国の俚諺《りげん》（ことわざ）にも、「三十六計、逃げるに如《し》かず」とある。

【項羽《こうう》】紀元前二三二〜前二〇二年。秦王朝末期の楚の武将。覇権をめぐって劉邦と争うが「垓下《がいか》の戦い」で敗れ自害する

5 よけいな口出しは自殺行為

それ将は国の輔《ほ》なり。輔周《しゅう》なれば、則ち国必ず強く、輔隙《げき》あれば、則ち国必ず弱し。故に君の軍に患《うれ》うる所以《ゆえん》のものに、三あり。軍の以って進むべからざるを知らずして、これに進めと謂《い》い、軍の以って退《ひ》くべからざるを知らずして、これに退けと謂う。これを軍を縻《び》すと謂う。三軍の事を知らずして三軍の政を同じくすれば、則ち軍士惑《まど》う。三軍の権を知らずして三軍の任を同じくすれば、則ち軍士疑う。三軍すでに惑い且つ疑わば、則ち諸侯の難至る。これを軍を乱し勝を引くと謂う。

将軍というのは、君主の補佐役である。補佐役と君主の関係が親密であれば、国は必ず強大となる。逆に、両者の関係に親密さを欠けば、国は弱体化する。このように、将軍は重要な職責をになっている。それ故、君主がよけいな口出しをすれば、軍を危機に追いこみかねない。それには、次の三つの場合がある。

第一に、進むべきときでないのに進撃を命じ、退くべきときでないのに退却を命じる場合である。これでは、軍の行動に、手かせ足かせをはめるようなものだ。

第二に、軍内部の実情を知りもしないで、軍政に干渉する場合である。これでは、軍内部を混乱におとしいれるだけだ。

第三に、指揮系統を無視して、軍令に干渉する場合である。これでは、軍内部に不信感を植えつけるだけだ。

君主が軍内部に混乱や不信感を与えたとなれば、それに乗じて、すかさず他の諸国が攻めこんでくる。君主のよけいな口出しは、まさに自殺行為にほかならない。

大山元帥と児玉大将

トップと補佐役、総司令官と参謀長、最高責任者と現場責任者の関係であり、どこまで権限を委譲し、どこまで責任をとらせるかという問題である。これが最もうまくいったケースとして、日露戦争のときの、満州軍総司令官大山巌《おおやまいわお》元帥と参謀長児玉源太郎《こだまげんたろう》大将のコンビをあげることができよう。大山元帥は、茫洋《ぼうよう》としてトボケの名人であった。当時、陸軍きっての智将といわれた児玉大将はかねてから、茫洋たる人柄の大山に心服し、「ガマどん（大山のあだ名）が司令官になるなら、おれが参謀長になる」と語っていた。大山は総司令官に任命されると、この児玉を参謀長に起用し、作戦の一切をまかせた。ロシア軍の砲弾が司令部の近くに落ちてものんびりと昼寝などを楽しみ、時々、児玉らが作戦をねっている席に顔を出しては、「今日も戦争でごわすか」などとトボケていたという。児玉を信頼してすべてをまかせたのである。

実際問題として、なかなかこうはいかないが、少なくとも、補佐役の力をひき出せるかどうかは、トップの出方いかんにかかっているといえよう。

6 彼を知り己れを知れば、百戦して殆《あや》うからず

故に勝を知るに五あり。以って戦うべきと以って戦うべからざるとを知る者は勝つ。衆寡《しゅうか》の用を識《し》る者は勝つ。上下欲を同じくする者は勝つ。虞《ぐ》を以って不虞を待つ者は勝つ。将能にして君御《ぎょ》せざる者は勝つ。この五者は勝を知るの道なり。故に曰く、彼を知り己れを知れば、百戦して殆《あや》うからず。彼を知らずして己れを知れば、一勝一負す。彼を知らず己れを知らざれば、戦うごとに必ず殆うし。

あらかじめ勝利の目算を立てるには、次の五条件をあてはめてみればよい。
一、彼我の戦力を検討したうえで、戦うべきか否かの判断ができること。
二、兵力に応じた戦いができること。
三、君主と国民が心を一つに合わせていること。
四、万全の態勢を固めて敵の不備につけこむこと。

五、将軍が有能であって、君主が将軍の指揮権に干渉しないこと。
これが、勝利を収めるための五条件である。

したがって、次のような結論を導くことができる。

――敵を知り、己れを知るならば、絶対に敗れる気づかいはない。己れを知って敵を知らなければ、勝敗の確率は五分五分である。敵を知らず、己れをも知らなければ、必ず敗れる。

「木」を見て、「森」も見る

「彼を知り己れを知れば、百戦して殆《あや》うからず」――多分『孫子』のなかで、最も人々に知られていることばである。あえて解説を加える必要もないと思われるが、しいていえば、このことばは主観的、一面的な判断をいましめたものにほかならない。

毛沢東も、かつてその著『矛盾論』のなかでこう述べている。

「問題を研究するには、主観的、一面性および表面性をおびることは禁物である。一面性とは問題を全面的にみないことをいう。あるいは、局部だけをみて全体をみない、木だけを見て森をみないともいえる。孫子は軍事を論じて〃彼を知り己れを知れば百戦して殆うからず〃と語っている。ところが、我同士のなかには、問題をみる場合、とかく一面性をおびる者がいるが、こういう人は、しばしば痛い目にあう」

第4章

軍形《ぐんけい》篇

——不敗の態勢で「自然の勝利」を目ざせ

軍形篇のことば

＊先ず勝つべからざるをなして、以って敵の勝つべきを待つ

＊善《よ》く戦う者は、勝ち易《やす》きに勝つ者なり

＊勝兵は先ず勝ちて而《しか》る後に戦いを求め、敗兵は先ず戦いて而る後に勝ちを求む

＊勝兵は鎰《いつ》を以って銖《しゅ》を称《はか》るがごとく、敗兵は銖を以って鎰を称るがごとし

1 守りを固めて敵の自滅を待つ

孫子曰《いわ》く、昔の善《よ》く戦う者は、先ず勝つべからざるをなして、以《も》って敵の勝つべきを待つ。勝つべからざるは己《おの》れに在《あ》るも、勝つべきは敵に在り。故に善く戦う者は、能く勝つべからざるをなすも、敵をして必ず勝つべからしむること能《あた》わず。故に曰く、勝は知るべくして、なすべからず、と。

むかしの戦上手《いくさじょうず》は、まず自軍の態勢を固めてから、じっくりと敵のくずれるのを待った。要するに、不敗の態勢をつくれるかどうかは自軍の態勢いかんによるが、勝機を見出せるかどうかは敵の態勢いかんにかかっている。したがって、どんな戦上手でも、不敗の態勢を固めることはできるが、必勝の条件まではつくり出すことができない。「勝利は予見できる。しかし必ず勝てるとはかぎらない」とは、これをいうのである。

勝つ以上に大切な「負けない」ための戦い方

まず万全の守りを固め、そのうえで、相手の隙を見出して、攻撃に転ずる――これなら、必ず勝つという保証はないが、少なくとも不敗の態勢を築くことができる。

日本人は一般に、攻めには強いが守りに弱いという欠点を免れていない。「攻めるまえに先ず守りを固めよ」というこの指摘は、とくに日本人にとって示唆《しさ》するところが多い。

2 勝てないなら守り、勝てるなら攻めよ

勝つべからざるは守るなり。勝つべきは攻むるなり。守るは則《すなわ》ち足らざればなり。攻むるは則ち余り有ればなり。善く守る者は九地の下に蔵《かく》れ、善く攻むる者は九天の上に動く。故によく自ら保ちて勝を全うするなり。

勝利する条件がないときは、守りを固めなければならない。逆に、勝機を見出したときは、すかさず攻勢に転じなければならない。つまり、守りを固めるのは、自軍が劣勢な場合であり、攻勢に出るのは、自軍が優勢な場合である。

したがって、戦上手は守りについたときは、兵力を隠蔽して敵につけこむ隙を与えないし、攻めにまわったときはすかさず攻めたてて、敵に守りの余裕を与えない。かくて、自軍は無傷のまま完全な勝利を収めるのである。

李牧《りぼく》の対匈奴《きょうど》戦略

「攻めか守りか」は結局、おかれている情況のいかんによる。この選択を誤らないのが名将である。

中国の戦国時代末期、趙《ちょう》の国に李牧《りぼく》という名将がいた。当時、中国の北方に匈奴という異民族が勢力を張り、しきりに北辺を荒らし回っていたので、趙の国王は、なんとか匈奴の侵攻を抑えようと、李牧を討伐軍の司令官に任命した。

ところが李牧は守りを固めるばかりで、いっこうに討って出ない。毎日、騎射の訓練に励む一方、烽火《のろし》を整備し、間諜《かんちょう》を放って匈奴の動きを窺いながら、部下には、「匈奴が攻めてきても、けっして戦ってはならぬ。すぐ城内に逃げこむがよい」と指示した。この結果、たびたび匈奴の侵攻を許しはしたものの、趙側の損害はめっきり少なくなった。

こうして数年たった。相手が逃げてばかりいるので、趙軍恐るるに足

【李牧《りぼく》】生年不詳～紀元前二二九年。中国・戦国時代の趙の武将。白起《はくき》・王翦《おうせん》・廉頗《れんぱ》と並ぶ戦国四大名将の一人。勇猛果敢なことで知られ「肥下《ひか》の戦い」「番吾《はんご》の戦い」で秦を敗北させるも、秦による讒言工作を信じた幽《ゆう》繆《ぼく》王に離反を疑われ、殺害される

らずと判断した匈奴は十万余騎の大軍をもって襲いかかってきた。間諜の知らせを受けた李牧は、さっそく奇陣を設けて迎撃し、さんざんに撃ち破った。

以後、李牧が健在のあいだは、さすがの匈奴もあえて趙の辺城には近づこうとしなかったという。

3 勝ち易《やす》きに勝つ

勝を見ること衆人の知る所に過ぎざるは、善の善なる者にあらざるなり。戦い勝ちて天下善しと曰《い》うも、善の善なる者にあらざるなり。故に秋毫《しゅうごう》を挙ぐるも多力となさず。日月を見るも明目となさず。雷霆《らいてい》を聞くも聡耳《そうじ》となさず。古の所謂《いわゆる》善く戦う者は、勝ち易きに勝つ者なり。故に善く戦う者の勝つや、智名なく、勇功なし。

誰にでもそれとわかるような勝ち方は、最善の勝利ではない。また、世間にもてはやされるような勝ち方も、最善の勝利とはいいがたい。
たとえば、毛を一本持ちあげたからといって、誰も力持ちとはいわない。太陽や月が見えるからといって、誰も目がきくとはいわない。雷鳴が聞こえたからといって、誰も耳がさといとはいわない。そういうことは、普通

の人なら、無理なく自然にできるからである。

それと同じように、むかしの戦上手は、無理なく自然に勝った。だから、勝っても、その知謀は人目につかず、その勇敢さは、人から称賛されることがない。

智名なく勇功なき墨子《ぼくし》

戦国時代のことである。公輸盤《こうゆはん》という人物が楚《そ》の国のために雲梯《うんてい》という攻城用の兵器をつくり、それで宋《そう》の国を攻めようとした。噂を聞いた墨子《ぼくし》は、昼夜兼行で楚の都郢《えい》にかけつけ、公輸盤に面会を求めた。

「聞くところによると、貴殿は雲梯なる兵器をつくって宋を攻めようとしているとのこと。いったい宋にいかなる罪があってのことでござるか。そもそも楚は広大な土地のわりに人口が少ない。足りないものを殺して余っているものを奪うのは智とはいえますまい。しかも、宋には何の罪もない。罪のないものを討つのは仁とは言えない」

「おっしゃる通りだが、この計画はすでに楚王の承諾を得ている。いま

【公輸盤《こうゆはん》】紀元前五〇七～前四四四年。中国・春秋戦国時代の魯の工匠。攻城用の雲梯や鉤拒《こうきょ》（鉤状の武器）など、巧緻な器具を数多く発明・製作

さら中止はできない」

「それなら、楚王にひき合わせてほしい」

墨子は楚王に謁見すると、こう切り出した。

「立派な車を持ちながら、隣家の車を盗もうとする男がいます。この男をどう思いますか」

「盗癖があるにちがいない」

「では申しあげますが、お国の領土は五千里四方もありますが、宋の領土は五百里四方しかありません。物資もお国のほうがはるかに豊かです。宋を攻めるのは、この男と何ら変わりがないではありませんか」

「お話の通りだが、せっかく雲梯をつくってくれた公輸盤の立場もある。やめるわけにはいかぬ」

そこで墨子は公輸盤に机上作戦を所望し、革帯を解いて城壁に見立て、木札を兵器になぞらえて攻めさせた。公輸盤はくりかえし攻撃に出たが、墨子はそのたびに防ぎきった。ついに、木札の尽きた公輸盤は、

「負け申した。しかし、わしにはまだ奥の手がある」


【雲梯《うんてい》】

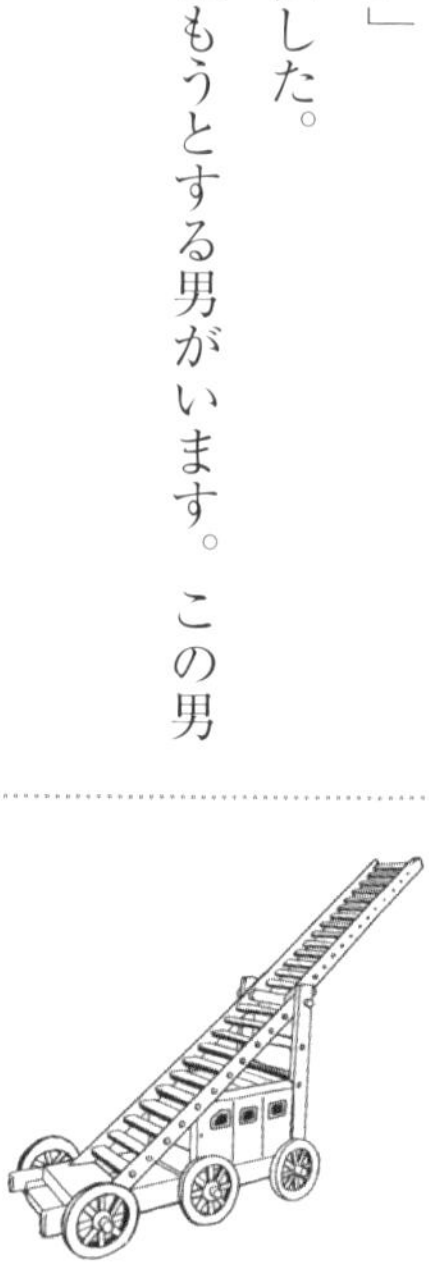

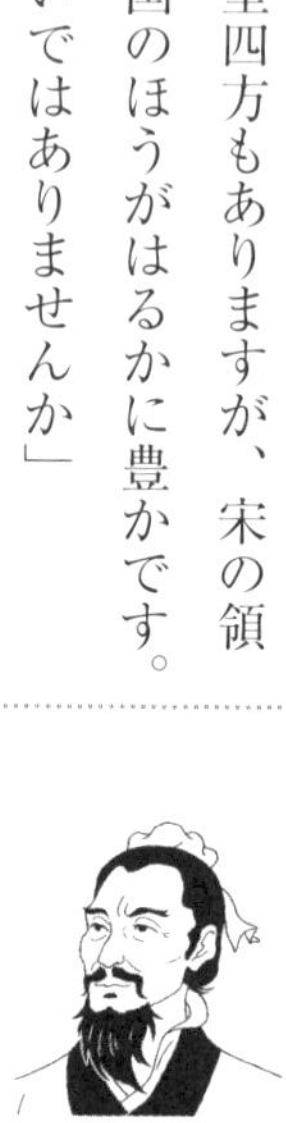

【墨子《ぼくし》】紀元前四八〇頃～前三九〇年頃。諸子百家の一つ、墨家の開祖となった思想家で、名は翟《てき》。博愛・平和主義を説き、その内容が『墨子』にまとめられた

と開きなおった。「先刻、承知している」と墨子。「どういうことか」と楚王が墨子にたずねた。墨子が答えるには、

「公輸盤は要するにこのわたしを殺せばよいと考えているのです。わたしさえ殺してしまえば、宋には守り手がなくなるから、攻められるというわけです。しかし、そうは参りません。わたしの高弟三百人がすでにわたしの考案した防御用の兵器をたずさえて、宋城で楚軍の攻撃を待ちかまえています。わたしを殺したところで、宋を滅ぼすことはできません」

楚王は、ついに宋攻撃を中止した。

さて、首尾よく宋の危機を救った墨子は、帰路、宋を通りすぎた。折あしく途中、大雨にあったので、とある里門のひさしを借りて雨宿りをしようとしたところ、門番から追い立てをくらったという。宋の人々は、自分たちを戦火から救ってくれた大恩人の功績をまるで知らなかったのである。

『墨子』の著者（多分、弟子の一人であろう）は、この話を紹介したあと、

つぎのようなコメントを付している。

「人知れず危機を救ったときには、人々はその功績に気づかない。これ見よがしに騒げば、その功績は知られるのだが……」

善く行くものは轍迹《てっせき》なし

唐の太宗に仕えた房玄齢《ぼうげんれい》と杜《と》如晦《じょかい》の二人の宰相は、「玄齢善く謀《はか》り如晦善く断ず」とあるように、ちがった持ち味で太宗を補佐し、ともに名宰相と称された。その施政は「玄齢、太宗を佐《たす》くること、凡《およ》そ三十二年。然れども跡の尋ぬべきなし。太宗、禍乱を定めて、房・杜、功をいわず」（『十八史略』）であったという。「跡の尋ぬべきなし」というのだから、これが自分のやった仕事だとわかるような仕事は、なに一つ残さなかったのである。

『老子』にも、「善く行くものは轍迹なし」とあるが、『孫子』の考え方も、これとまったく同じである。

【房玄齢《ぼうげんれい》】五七八～六四八年。中国・唐の太宗に仕えて十五年にわたり宰相を務める。杜《と》如晦《じょかい》らとともに貞観の治の基礎をつくった名宰相

【杜《と》如晦《じょかい》】五八五～六三〇年。中国・唐の太宗に仕え、房玄齢とともに、貞観の治の基礎を築いた名臣。房玄齢の「深謀」に対し、杜如晦は「決断」の臣として知られる

4

まず勝ちて後《のち》に戦う

故にその戦い勝ちて忒《たが》わず。忒わざるは、その措《お》く所必ず勝つ。すでに敗るる者に勝てばなり。故に善く戦う者は不敗の地に立ち、而《しか》して敵の敗を失わざるなり。この故に勝兵は先ず勝ちて而る後に戦いを求め、敗兵は先ず戦いて而る後に勝ちを求む。善く兵を用うる者は、道を修めて法を保つ。故によく勝敗の政をなす。

だから、戦えば必ず勝つ。打つ手打つ手がすべて勝利に結びつき、万に一つの失敗もない。なぜなら、戦うまえから敗けている相手を敵として戦うからだ。つまり、戦上手は、自軍を絶対不敗の態勢におき、しかも敵の隙はのがさずとらえるのである。

このように、あらかじめ勝利する態勢をととのえてから戦う者が勝利を収め、戦いをはじめてからあわてて勝機をつかもうとする者は敗北に追いやられる。
それ故、戦争指導にすぐれた君主は、まず政治を革新し、法令を貫徹して、勝利する態勢をととのえるのである。

曹操の配慮

三国《さんごく》時代、群雄割拠《ぐんゆうかっきょ》の争覇戦に勝ち抜いて魏《ぎ》王朝の基を築いた曹操は、「乱世の奸雄《かんゆう》」と称されただけあって、軍事指導者としても政治家としても、すぐれたものをもっていた。『三国志』によれば、その用兵ぶりは「その軍を行《や》り師を用いるに、大較《たいこう》は孫呉《そんご》の法に依る。……故に戦うごとに必ず克《か》ち、軍に幸勝《こうしょう》なし」であったという。

「幸勝」とはケガ勝ち、すなわちラッキーな勝利という意味である。

すなわち、連戦連勝の曹操もその戦略や戦術は、ほとんどが『孫子』『呉子』の「兵法」に基づく堅実なものだったのであり、決してまぐれなどではなかったというのである。

しかし曹操の成功は、それだけではない。

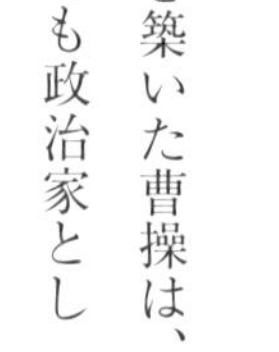

【曹操《そうそう》】 一五五～二二〇年。後漢～三国時代の武将・政治家。後漢を滅亡に導き実質的に魏を建国。天下統一を目指したが、孫権と劉備の連合軍に敗れ（赤壁《せきへき》の戦い）、三国時代への移行を許す。また『孫子』を現行の形にまとめ、注釈を加えるなど、すぐれた兵法家・文学者としての側面もあった

かれは、軍事行動と同時に、領内に屯田《とんでん》をおこして、食糧の増産をはかり、「所在に粟《ぞく》を積み、倉廩《そうりん》みな満つ」（『三国志』）という成果を収めていた。戦乱の当時は、いずこも食糧不足が深刻で、群雄たちはいずれも軍糧の調達に苦しんでいたが、曹操のところだけは十分な軍糧を確保していたのだ。これが曹操の勢力拡大に貢献したもう一つの原因である。

軍糧の確保は『孫子』のいうみずからの態勢を固めることにほかならない。曹操の成功は、それをみずから実践したところにあった。

5 勝兵は鎰《いつ》を以って銖《しゅ》を称《はか》るがごとし

兵法は、一に曰く度《たく》、二に曰く量《りょう》、三に曰く数《すう》、四に曰く称《しょう》、五に曰く勝。地は度を生じ、度は量を生じ、量は数を生じ、数は称を生じ、称は勝を生ず。故に勝兵は鎰《いつ》を以って銖《しゅ》を称《はか》るがごとく、敗兵は銖を以って鎰を称るがごとし。勝者の民を戦わすや、積水を千仞《せんじん》の谿《たに》に決するがごときは、形《けい》なり。

戦争の勝敗は、次の要素によって決定される。

一、国土の広狭
二、資源の多寡
三、人口の多少
四、戦力の強弱
五、勝敗の帰趨《きすう》

つまり、地形に基づいて国土の広狭が決定される。国土の広狭に基づいて資源の多寡《たか》が決定される。さらに、資源の多寡が人口の多少を決定し、人口の多少が戦力の強弱を決定する。そして、戦力の強弱が戦争の勝敗を決定するのである。

彼我の戦力の差が、鎰（重さの単位）をもって銖（鎰の約五百分の一の重さ）に対するようであれば、必ず勝つ。逆に銖をもって鎰に対するようであれば、必ず敗れる。

勝利する側は、満々とたたえた水を深い谷底に切って落とすように、一気に敵を圧倒する。態勢をととのえるとは、これをいうのである。

理想とするのは自然で安全な勝利

総合力に一（銖）対五百（鎰）の開きがあれば、誰が指揮しても、無理なく自然に勝つことができる。『孫子』の理想とするのは、こういう安全勝ちであった。

それは、事前の確かな計算と総合判断力によって可能となる。

第5章

兵《へい》勢《せい》篇

――集団の力を発揮して「勢い」に乗るべし

兵勢篇のことば

＊戦いは正を以《も》って合し、奇を以って勝つ

＊戦勢は奇正に過ぎざるも、奇正の変は、勝《あ》げて窮《きわ》むべからず

＊善《よ》く戦う者は、その勢は険にして、その節は短なり

＊勇怯は勢なり。彊弱《きようじやく》は形なり

＊善く戦う者は、これを勢に求めて、人に責《もと》めず

1 軍の編成、指揮、戦略、戦術

孫子曰《いわ》く、およそ衆《しゅう》を治むること寡《か》を治むるがごとくなるは、分数《ぶんすう》これなり。衆を闘わしむること寡を闘わしむるがごとくなるは、形名《けいめい》これなり。三軍の衆、必ず敵を受けて敗名からしむるべきは、奇正これなり。兵の加うる所、碬《たん》を以って卵に投ずるがごとくなるは、虚実《きょじつ》これなり。


大軍団を小部隊のように統制するには、軍の組織編成をきちんと行なわなければならない。

大軍団を小部隊のように一体となって戦わせるには、指揮系統をしっかりと確立させなければならない。

全軍を敵の出方に対応させて絶対不敗の境地に立たせるには、「奇正」の運用、つまり変幻自在な戦い方に熟達しなければならない。

石で卵を砕くように敵を撃破するには、「実」をもって「虚」を撃つ、つまり充実した戦力で敵の手薄を突く戦法をとらなければならない。

四つの原則

ここではまず次の四つのことが説かれている。

一、**分数**——軍の組織・編成
一、**形名**——軍の指揮系統
一、**奇正**——戦略
一、**虚実**——戦術

このうち、分数と形名は組織原則に関する問題であり、奇正と虚実は、戦略戦術にかかわる問題である。奇正についてはすぐ続いて説明され、虚実については、「第6章 虚実篇」に詳しい説明がある。

軍律・軍令の確立

軍の組織原則について、兵法書の『呉子《ごし》』と『尉繚子《うつりょうし》』も、ともに

【呉子】↓47ページ参照
【尉繚子】↓20ページ参照

軍律・軍令の確立を重視する。
「軍令が明確でなく、賞罰が公正を欠き、停止の合図をしても止まらず、進発の合図をしても進まないならば、百万の大軍といえども、何の役にも立たない」（『呉子』治兵篇）
「軍律が確立すれば、軍紀は厳正に保たれる。軍紀が厳正であれば、違反者に対する処罰も徹底する。命令一下、百人の兵卒が一体となって戦い、千人の兵卒が一体となって敵の隊列を乱し、陣地をおとしいれ、万人の兵卒が一体となって敵軍を覆滅し敵将を殺す。このような天下無敵の軍隊は軍律の確立を待ってはじめて生まれるのである」（『尉繚子』制談篇）

ここで『孫子』は軍律や軍令ということばこそ使っていないが、いわんとするところは、『呉子』『尉繚子』と同じであろう。ちなみに『孫子』が軍律（法・令）についてふれているのは、すでに述べた「第1章 始計篇」と、このあとの「第9章 行軍篇」においてである。

2 戦いは奇を以って勝つ

およそ戦いは、正を以《も》って合し、奇を以って勝つ。故《ゆえ》に善《よ》く奇を出《い》だす者は、窮《きわ》まりなきこと天地のごとく、竭《つ》きざること江河のごとし。終わりてまた始まるは、日月これなり。死してまた生ずるは、四時これなり。

敵と対峙《たいじ》するときは、「正」すなわち正規の作戦を採用し、敵を破るときは、「奇」すなわち奇襲作戦を採用する。これが一般的な戦い方である。

それ故、奇襲作戦を得意とする将軍の戦い方は、天地のように終わりがなく、大河のように尽きることがない。

また、日月のように没してはまた現われ、四季のように去ってはまた訪れ、まことに変幻自在である。

「奇」と「正」

「奇正」とは、古代中国においてしばしば使われた軍事用語である。「奇」と「正」は相対立する概念で、「正」は一般的なもの、正常なものを意味し、「奇」は特殊なもの、変化するものを意味している。

一九七二年、銀雀山漢墓《ぎんじゃくざんかんぼ》から発掘されて、二千年ぶりによみがえった『孫臏《そんぴん》兵法』にも、「〝形〟をもって〝形〟に対するのは〝正〟、〝無形〟をもって〝形〟を制するのは〝奇〟である。……かたちとなって現われたものを〝正〟とするなら、かたちとなって現われないものは〝奇〟である」（奇正篇）とある。

わかりやすくいえば、正攻法を「正」とすれば、奇襲作戦は「奇」、正面攻撃を「正」とすれば、側面攻撃は「奇」、正規軍の戦いを「正」とすれば、遊撃部隊の戦いは「奇」ということになろう。

日本海海戦の敵前回頭

古来、「奇」で敵を壊滅させた例は少なくないが、日本海海戦におけ

【孫臏《そんぴん》兵法】 中国・戦国時代に斉の軍師を務めた孫臏が著したと推定される兵法書のこと

【孫臏】 生没年不詳。中国・戦国時代の兵法家。魏の将軍龐涓《ほうけん》に妬まれ両足を切断する臏刑《ひんけい》に処せられたが、斉に逃れ威王の軍師となる。孫武の子孫ともいわれる

る連合艦隊の勝利なども、その一つにかぞえることができる。このとき、連合艦隊司令長官の東郷平八郎《とうごうへいはちろう》大将は一列縦隊で進んでいるバルチック艦隊に対し、敵前回頭の丁字《ていじ》戦法で戦いをいどみ、みごと勝利を収めた。この戦法は、敵の前に次々に横腹を見せて突っ切って行くわけであるから、きわめて危険であり、当時の海戦の常識では、明らかに「奇」すなわち奇策以外のなにものでもなかった。だが、長官には十分な自信があったのだ。

「敵は長途の遠征で疲労している。訓練不足であるうえ、日本海は波が荒いので、砲弾の命中率は悪いはず。これに対し、わが方は敵に横腹を見せる危険はあるが、全砲口を敵に集中することができる」

丁字戦法という奇策は、こういう確かな読みに裏付けられて初めて成功したのである。

【東郷平八郎《とうごうへいはちろう》】 一八四七～一九三四年。明治時代の日本海軍の指揮官として、日清・日露両戦争の勝利に大きく貢献。特に日露戦争において、当時世界屈指の戦力を誇ったロシア帝国海軍バルチック艦隊を破って世界に注目された

3 奇正の変は、勝《あ》げて窮《きわ》むべからず

声は五に過ぎざるも、五声の変は、勝《あ》げて聴くべからず。色は五に過ぎざるも、五色の変は、勝げて観るべからず。味は五に過ぎざるも、五味の変は、勝げて嘗《な》むべからず。戦勢は奇正に過ぎざるも、奇正の変は、勝げて窮むべからず。奇正の相生ずること、循環の端《はし》なきがごとし。孰《たれ》かよくこれを窮めんや。

音階の基本は、宮《きゅう》、商《しょう》、角《かく》、徴《ち》、羽《う》の五つにすぎないが、その組み合わせの変化は無限である。

色彩の基本は、青、赤、黄、白、黒の五つにすぎないが、組み合わせの変化は無限である。

味の基本は、辛《しん》、酸《さん》、鹹《かん》、甘《かん》、苦《く》の五つにすぎないが、組み合わせの変化は無限である。

それと同じように、戦争の形態も「奇」と「正」の二つから成り立っているが、その変化は無限である。「正」は「奇」を生じ、「奇」はまた「正」に転じ、円環さながらに連なってつきない。したがって、誰もそれを知りつくすことができないのである。

4

勢は険にして、節は短なり

激水の疾《はや》くして石を漂わすに至るは、勢なり。鷙鳥《しちょう》の撃ちて毀折《きせつ》に至るは、節《せつ》なり。この故に善く戦う者は、その勢は険にして、その節は短なり。勢は弩を彍《は》るがごとく、節は機《き》を発するがごとし。

せきとめられた水が激しい流れとなって岩を押し流すのは、流れに勢いがあるからである。猛禽《もうきん》がねらった獲物を一撃のもとにうち砕くのは、一瞬の瞬発力をもっているからである。

それと同じように、激しい勢いに乗じ、一瞬の瞬発力を発揮するのが戦上手の戦い方だ。弓にたとえれば、引きしぼった弓の弾力が「勢い」であり、放たれた瞬間の矢の速力が「瞬発力」である。

勢いに乗ることが最上

万全の態勢を固め、そのうえさらに勢いに乗る――『孫子』のいいたいのはこれである。太極拳の要諦《ようてい》をまとめた『拳論』にも、「蓄而後発（蓄えて後発す）」ということばがあるが、十分「蓄」えてから発勁《はっけい》動作に入れればそれだけ破壊力を増すことができよう。それがつまり勢いである。

これは、戦争や武術だけでなく、一般の処世にもあてはまろう。孟子も「智慧《ちえ》ありといえども勢いに乗ずるに如《し》かず」（公孫丑篇）と語っている。なにごとも、**下手な智恵をはたらかすよりは、勢いに乗ることを考えたほうがよい**というのだ。

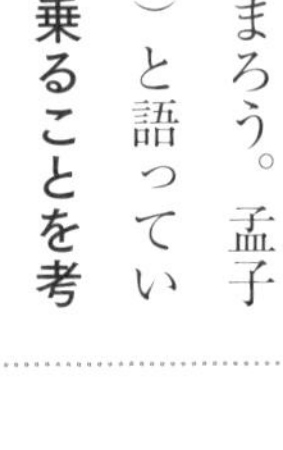

【孟子《もうし》】紀元前三七二～前二八九年。中国・戦国時代に活躍した儒家。名は軻《か》。性善説に基づく仁義礼智を説き、王道政治を提唱。その言行が『孟子』に記録され、四書の一つとなる

5 利を以って動かし、卒を以って待つ

紛紛紜紜《ふんぷんうんうん》として闘《たたか》い乱れて、乱すべからず。渾渾沌沌《こんこんとんとん》として形円《まる》くして、敗るべからず。乱は治に生じ、怯《きょう》は勇に生じ、弱は彊《きょう》に生ず。治乱は数《すう》なり。勇怯は勢なり。彊弱は形《けい》なり。故に善《よ》く敵を動かす者は、これに形すれば敵必ずこれに従い、これに予《あた》うれば敵必ずこれを取る。利を以ってこれを動かし、卒《そつ》を以ってこれを待つ。

両軍入りまじっての乱戦となっても、自軍の隊伍を乱してはならない。収拾のつかぬ混戦となっても、敵に乗ずる隙を与えてはならない。乱戦、混戦のなかでは、治はたやすく乱に変わり、勇はたやすく怯に変わり、強はたやすく弱に変わりうる。治乱を左右するのは統制力のいかんであり、勇怯を左右するのは勢いのいかんであり、強弱を左右するのは態勢

のいかんである。それ故、用兵に長けた将軍は、敵が動かざるをえない態勢をつくり、有利なエサをばらまいて、食いつかせる。つまり、利によって敵を誘い出し、精強な主力を繰り出してこれを撃滅するのである。

魏《ぎ》を囲んで趙《ちょう》を救う

「これに形すれば、敵必ずこれに従う」――敵が動かざるをえない態勢をつくった好例として、「桂陵《けいりょう》の戦い」をあげることができる。

西暦前三五三年、魏の大軍が趙の都邯鄲《かんたん》を包囲した。趙は斉《せい》に救援を求めた。このとき、斉軍の軍師に任命されたのが、前述の孫臏《そんぴん》である。

孫臏はどうしたかというと、直接邯鄲の救援に向かわないで、逆に、魏の都大梁《だいりょう》に進攻する構えをみせた。「魏軍の主力は邯鄲の包囲戦に向けられているので、本国は手薄になっている。大梁を衝けば邯鄲の包囲は自然に解ける」と判断したのだ。はたして魏軍は邯鄲の包囲を解いて、急きょ帰国の途についた。孫臏はこれを桂陵に迎え撃って大勝利を収めたという。これが「魏を囲んで趙を救う」という有名な戦略である。

【桂陵《けいりょう》の戦い】 紀元前三五四年、魏が趙を攻めたことにより、同盟国の斉が魏を攻撃した戦い。結果的に孫臏の策がはまり、趙を救い魏の国力を削ぐことに成功。『兵法三十六計』にある「囲魏《いぎ》救《きゅう》趙《ちょう》」はこの戦に由来する

【孫臏】 →91ページ参照

6 勢に求めて人に責《もと》めず

故に善く戦う者は、これを勢に求めて、人に責《もと》めず。故に善く人を択《えら》び勢に任ず。勢に任ずる者は、その人を戦わしむるや木石を転ずるがごとし。木石の性、安なれば則《すなわ》ち静に、危なれば則ち動き、方なれば則ち止まり、円なれば則ち行く。故に善く人を戦わしむるの勢い、円石を千仞《せんじん》ノ山に転ずるがごときは、勢なり。

したがって戦上手は、何よりもまず勢いに乗ることを重視し、一人ひとりの働きに過度の期待をかけない。それ故、全軍の力を一つにまとめて勢いに乗ることができるのである。勢いに乗れば、兵士は、坂道を転がる丸太や石のように、思いがけない力を発揮する。丸太や石は、平坦な場所では静止しているが、坂道におけば自然に動き出す。また、四角なものは静止しているが、丸いものは転がる。

勢いに乗って戦うとは、丸い石を千仞《せんじん》の谷底に転がすようなものだ。これが、戦いの勢いというものである。

集団の力学

個人個人の能力よりも、集団としての力を発揮させる（勢に求めて人に責めず）という考え方は企業経営にもあてはまろう。近ごろ、社員の能力開発ということがいわれ、社内研修会などもさかんに開かれている。しかし、多くの場合、個人の能力開発に終わって、集団の力を引き出すところまでは至っていない。個人の能力開発は、どちらかというと、個人の責任において行なわれるべきことである。組織や指導者はむしろいかにして集団の力を引き出すかに注意を向けるべきであろう。

個人の力はどんなに開発しても一にすぎないが、集団の力としてまとめると、二になり三になり、うまくすると五や十にまで持って行くことができる。

第6章

虚実《きょじつ》篇

——「主導権」を握って変幻自在に戦え

虚実篇のことば

＊善《よ》く戦う者は、人を致して人に致されず

＊攻めて必ず取るは、その守らざる所を攻むればなり

＊進みて禦《ふさ》ぐべからざるは、その虚を衝《つ》けばなり

＊兵を形するの極は、無形に至る

＊兵の形は実を避けて虚を撃つ

＊兵に常勢なく、水に常形なし

1 人を致して人に致されず

孫子曰く、およそ先に戦地に処《お》りて敵を待つ者は佚《いっ》し、後れて戦地に処りて戦いに趨《おもむ》く者は、労す。故に善《よ》く戦う者は、人を致して人に致されず。善く敵人をして自ら至らしむるは、これを利すればなり。善く敵人をして至るを得ざらしむるは、これを害すればなり。故に敵佚すれば、善くこれを労し、飽けば、善くこれを饑《う》えしめ、安ければ、善くこれを動かす。

敵より先に戦場におもむいて相手を迎え撃てば、余裕をもって戦うことができる。逆に、敵より遅れて戦場に到着すれば、苦しい戦いをしいられる。それ故、戦上手は、相手の作戦行動に乗らず、逆に相手をこちらの作戦行動に乗せようとする。

敵に作戦行動を起こさせるためには、そうすれば有利だと思いこませなければならない。逆に、敵に作戦行動を思いとどまらせるためには、そうすれば不利だと思いこませることだ。

したがって、敵の態勢に余裕があれば、手段を用いて奔命に疲れさせる。敵の食糧が十分であれば、糧道を断って飢えさせる。敵の備えが万全であれば、計略を用いてかき乱す。

主導権の確保

「人を致して人に致されず」とは、**相手をこちらのペースに乗せること**、つまり**主導権を確保すること**である。さらにいえば、相手を行動不自由な状態に追いこみ、こちらは行動自由な状態を確保することである。

日中戦争の末期、日本軍は広大な中国大陸を占領していたが、八路軍の巧妙な遊撃戦争にあって主導権を失い、点と線に釘づけにされた。当時、八路軍を率いて日本軍と戦った毛沢東は、この主導権の問題について、こう語っている。

「あらゆる戦争において、敵味方は主導権の奪いあいに力をつくす。主導権とはすなわち軍隊の自由権である。軍隊が主導権を失って受動的な立場に追いこまれると、その軍隊は行動の自由を失い、打ち破られることになろう。……主導権は、情勢に対する正当な評価と正しい軍事的、政治的処置によって生まれる。客観情勢にあわない悲観的評価と、そこから生ずる消極的な処置は、主導権を失なわせ、こちらを受動的な立場に追いこんでしまう。逆に、客観情勢にあわない楽観的すぎる評価とそこから生ずる不必要に冒険的な処置もまた主導権を失なわせ、ついに悲観論者と同じ道におちこませる」（『抗日遊撃戦争の戦略問題』）

　では、主導権を確保するにはどうすればよいか。『孫子』は本篇において、さまざまな角度からこの問題を分析する。

2 守らざる所を攻める

その趨《おもむ》かざる所に出《い》で、その意《おも》わざる所に趨く。行くこと千里にして労せざるは、無人の地を行けばなり。攻めて必ず取るは、その守らざる所を攻むればなり。守りて必ず固きは、その攻めざる所を守ればなり。故に善く攻むる者には、敵、その守る所を知らず。善く守る者には、敵、その攻むる所を知らず。微《び》なるかな微なるかな、無形に至る。神なるかな神なるかな、無声に至る。故によく敵の司命《しめい》たり。

敵が救援軍を送れない所に進撃し、敵の思いもよらぬ方面に撃って出る。千里も行軍して疲労しないのは、敵のいない所を進むからである。攻撃して必ず成功するのは、敵の守っていない所を攻めるからである。守備に回って必ず守り抜くのは、敵の攻めてこない所を守っているからである。

したがって、攻撃の巧みな者にかかると、敵はどこを守ってよいかわからなくなる。また、守備の巧みな者にかかると、敵はどこを攻めてよいのかわからなくなる。

そうすると、まさに姿も見せず、音も立てず、自由自在に敵を翻弄することができる。こうあってこそはじめて敵の死命を制することができるのだ。

楚《そ》漢《かん》の戦いの天王山

楚の項羽《こうう》と漢の劉邦《りゅうほう》は紀元前二〇五年から二〇二年まで、広大な北中国を舞台に天下分け目の死闘をくりひろげた。有名な「楚漢の戦い」である。結局、劉邦が勝利を収めて漢王朝をおこすわけであるが、この戦い、劉邦は戦っては敗れ、戦っては敗れて、逃げ回ってばかりいた。押されっぱなしの劉邦は、やむなく戦線を後退させ、最後の防衛線をしいて楚軍の進攻をくいとめようとした。さすがの劉邦も、敗け戦続きで、弱気になったのである。するとこのとき、酈生《れきせい》という謀臣《ぼうしん》が進言した。

「われらにとって何よりも必要なのは軍糧《ぐんりょう》であります。ところで、敖倉《ごうそう》

【項羽】↓60ページ参照
【劉邦】↓59ページ参照
【楚《そ》漢《かん》の戦《たたか》い】紀元前二〇六～前二〇二年にわたり、秦王朝滅亡後の覇権をめぐって、西楚の項羽と漢の劉邦が争った戦争。最終的に「垓下の戦い」で項羽が敗れ、劉邦が天下を統一、前二〇二年に漢王朝を樹立する

こそはむかしから天下の食糧の集まる所で、今でもあそこには糧秣《りょうまつ》が山と積まれています。しかるに項羽は敖倉の守りを軽視し、ろくな守備隊もおいていません。今こそ絶好の機会。すみやかに敖倉を奪取して糧秣を確保すべきです」

敖倉とは、これより二十年まえ、秦の始皇帝によってつくられた食糧の貯蔵地である。劉邦は、ただちに軍を進めて敖倉に向かい、敵の手薄に乗じて難なく奪取した。これで劉邦の軍はたらふく食い、十分な休養をとることができた。

劉邦が退勢を挽回して逆転勝利を収めるきっかけになったのが、この敖倉奪取作戦である。作戦というにはあまりにもあっけなく成功したのは、敵の「守らざる所」を攻めたからにほかならない。

3 虚を衝《つ》く

進みて禦《ふせ》ぐべからざるは、その虚を衝けばなり。退きて追うべからざるは、速かにして及ぶべからざればなり。故に我戦わんと欲すれば、敵、塁を高くし溝《こう》を深くすといえども、我と戦わざるを得ざるは、その必ず救う所を攻むればなり。我戦いを欲せざれば、地を画《かく》してこれを守るも、敵、我と戦うを得ざるは、その之《ゆ》く所に乖《そむ》けばなり。

進撃するときは、敵の虚を衝くことだ。そうすれば敵は防ぎきれない。退却するときは、迅速に退くことだ。そうすれば敵は追撃しきれない。こちらが戦いを欲するときは、敵がどんなに塁を高くして堀を深くして守りを固めていても、戦わざるをえないようにしむければよい。それには、敵が放置しておけない所を攻めることだ。

反対に、こちらが戦いを欲しないときは、たとえこちらの守りがどんなに手薄であっても、敵に戦うことができないようにしむければよい。それには、敵の進攻目標を他へそらしてしまうことだ。

諸葛孔明《しょかつこうめい》の「空城の計」

こちらが戦いを欲しないとき（兵力劣勢で勝負にならないとき）、うまく敵の攻撃をかわした例として、『三国志演義』に有名な「空城の計」というのがある。

諸葛亮（孔明）がわずか二千五百の手勢で西城《さいじょう》にふみとどまっているとき、司馬懿《しばい》（仲達《ちゅうたつ》）が十五万の大軍を率いて攻め寄せてきた。孔明がいかに知謀《ちぼう》にすぐれているといっても、二千五百対十五万では勝負にならない。城内の兵士はみな顔色を変えた。が、孔明は少しも騒がず、「まて、まて、わしによい考えがある」といって、四方の城門を開け放ち、二十人ほどの兵士に領民のなりをさせて道を掃いているように命じた。そして自分は道士の服に着替えて城楼《じょうろう》にあがり、そこでのんびりと

【三国志演義《さんごくしえんぎ》】中国・明代に書かれた長編の歴史・時代小説。著者は施《し》耐庵《たいあん》、あるいはその弟子の羅貫中《らかんちゅう》とされるが、明らかではない。後漢末から魏・呉・蜀の三国時代を舞台に、黄巾の乱から呉の滅亡までを高い物語性で描く

【諸葛亮（孔明）】↓29ページ参照

【司馬懿】↓31ページ参照

香をたき、琴を弾じはじめたのである。

一方、城下に迫った仲達、はるかに眺めやれば、城内はひっそりと静まりかえり、城楼で孔明とおぼしき人物が琴を弾じている。これを見た仲達、「これはおかしい。孔明はもともと慎重な人物で、いちどとして危険をおかしたことがない。いま、あのように城門をあけ放っているのは伏兵《ふくへい》がいる証拠じゃ。攻め寄せれば、かれの術中におちいる」といって、全軍に引きあげを命じた。

仲達の軍はかくして、潮のように引きあげて行く。これをみて、城内の将兵はあらためて孔明の知謀に感歎《かんたん》したという。

4 十を以って一を攻める

故に人を形《けい》せしめて我に形なければ、則《すなわ》ち我は専《せん》にして敵は分かる。我は専にして一となり、敵は分かれて十となれば、これ十を以《も》ってその一を攻むるなり。則ち我は衆《おお》くして敵は寡《すくな》し。よく衆《しゅう》を以って寡《か》を撃たば、則ち吾のともに戦う所の者は約《やく》なり。吾のともに戦う所の地は知るべからず。知るべからざれば、則ち敵の備うる所の者多し。敵の備うる所の者多ければ、則ち吾のともに戦う所の者は寡し。故に前に備うれば則ち後寡く、後に備うれば則ち前寡く、左に備うれば則ち右に寡く、右に備うれば則ち左寡し。備えざる所なければ、寡からざる所なし。寡きは人に備うるものなり。衆きは人をして己《おの》れに備えしむるものなり。

こちらからは、敵の動きは手にとるようにわかるが、敵はこちらの動きを察知できない。これなら、味方の力は集中し、敵の力を分散させることができる。こちらがかりに一つに集中し、敵が十に分散したとする。それなら、十の力で一の力を相手にすることになる。つまり、味方は多勢で敵は無勢。多勢で無勢を相手にすれば、戦う相手が少なくてすむ。

どこから攻撃されるかわからないとなれば、敵は兵力を分散して守らなければならない。敵が兵力を分散すれば、それだけこちらと戦う兵力が少なくなる。

したがって敵は、前を守れば後が手薄になり、後を守れば前が手薄になる。左を守れば右が手薄になり、右を守れば左が手薄になる。四方八方すべてを守れば、四方八方すべてが手薄になる。

これで明らかなように、兵力が少ないというのは、分散して守らざるを得ないからである。

また、兵力が多いというのは、相手を分散させて守らせるからである。

集中と分散

兵力の多少は、絶対的なものではなく相対的なものである。その鍵は集中と分散にあるという。こちらが集中し、相手を分散させれば、劣勢を優勢に転化することができる。

太平洋戦争のとき、日本軍は太平洋の島々に兵力を分散させ、米軍の各個撃破にあって、次々と玉砕を余儀なくされた。明らかに『孫子』の兵法の逆をいったのである。

これを企業経営にあてはめると、どうなるか。「兵力劣勢」な中小企業が大企業に互《ご》して行くには、一点集中主義——つまり有力なアイデア商品の開発につとめようということになるかもしれない。**大企業と同じことをやっていたのでは勝負にならない**のである。

5 勝利の条件は人がつくり出すもの

故に戦いの地を知り、戦いの日を知れば、則ち千里にして会戦すべし。戦いの地を知らず、戦いの日を知らざれば、則ち左、右を救う能《あた》わず、右、左を救う能わず、前、後を救う能わず、後、前を救う能わず。而るを況《いわ》んや遠きは数十里、近きは数里なるをや。吾を以ってこれを度《はか》るに、越人《えつひと》の兵多しといえども、また奚《なん》ぞ勝敗に益せんや。故に曰く、勝は為すべきなり。敵衆しといえども、闘《たたか》うことなからしむべし。

したがって、戦うべき場所、戦うべき日時を予測できるならば、たとえ千里も先に遠征したとしても、戦いの主導権をにぎることができる。逆に、戦うべき場所、戦うべき日時を予測できなければ、左翼の軍は右翼の軍を、右翼の軍は左翼の軍を救援することができず、前衛と後衛でさえも協力し合うことができない。まして、数里も数十里も離れて戦う友軍を救援できないのは、当然である。

わたしが考えるに、敵国越《えつ》の軍がいかに多かろうと、それだけでは勝敗を決定する要因とはなりえない。なぜなら、勝利の条件は人がつくり出すものであり、敵の軍がいかに多かろうと、戦えないようにしてしまうことができるからだ。

龐涓《ほうけん》この木のもとに死す

戦うべき場所、日時を予測して敵を手玉にとった例に、斉《せい》軍と魏《ぎ》軍が戦った「馬陵《ばりょう》の戦い」（西暦前三四一年）がある。このとき、斉軍の軍師孫臏《そんぴん》はわざと退却して魏軍を誘いこんでいるが、そのさい、相手を油断させるため、わざわざカマドの数を、今日は十万、明日は五万、さらにその翌日は三万と減らしていった。これを見た魏軍の大将龐涓《ほうけん》は、斉軍には逃亡者があいついでいると判断し、軽騎だけを率いて猛追撃に移った。孫臏の計算では、夕方には魏軍は馬陵に到着する予定である。そこ

【馬陵《ばりょう》の戦い】 紀元前三四二年、魏と斉が激突した戦い。軍師孫臏《そんぴん》が率いる斉軍の圧勝に終わり、魏はこの敗戦で龐涓《ほうけん》を失い、衰退の道をたどってゆく

【孫臏】 ↓91ページ参照

でかれは、路傍の大木の幹をけずって、「龐涓この木のもとに死す」と大書し、多数の狙撃兵を伏せてこう命じた。「日が暮れると、この木の下に灯がともされるはずだ。その火をめがけて、いっせいに撃て」。

その夜、はたして魏軍の軽騎兵がこの木の下にさしかかった。龐涓は、書かれている文字に目をとめ、灯をともして読もうとした。その瞬間、斉軍の弩《ど》がいっせいにうなりをあげる。魏軍は大混乱におちいって壊滅し、龐涓は乱戦のなかで自害して果てたという。

【龐涓《ほうけん》】 生年不詳～紀元前三四二年頃。中国・戦国時代の魏の武将。若い頃、諸子百家の一つ、鬼《き》国子《こくし》に学ぶ。同窓に孫臏がいたがその才能に嫉妬し、自分の成功を邪魔する存在になることを予見し恐れる。後に魏の恵王に仕えたとき、孫臏を冤罪に陥れ、両足を切断し額に入れ墨を入れる臏刑に処す。その後、孫臏は斉の軍師となり、龐涓を追い詰める存在となる

6 兵を形するの極は無形に至る

故にこれを策《はか》りて得失の計を知り、これを作《おこ》して動静の理を知り、これを形して死生の地を知り、これに角《ふ》れて有余不足の処《ところ》を知る。故に兵を形するの極は、無形に至る。無形なれば、則ち深間も窺《うかが》うこと能わず、智者も謀《はか》ること能わず、形に因りて勝を衆に錯《お》くも、衆、知ること能わず。人みなわが勝つ所以の形を知るも、わが勝を制する所以《ゆえん》の形を知ることなし。故にその戦い勝つや復《ふたた》びせずして、形に無窮に応ず。

勝利する条件は、次の四つの方法でつくり出される。
一、戦局を検討して、彼我の優劣を把握する。
二、誘いをかけて、敵の出方を観察する。
三、作戦行動を起こさせて、地形上の急所をさぐり出す。

四、偵察戦をしかけて、敵の陣形の強弱を判断する。

先にも述べたように、戦争態勢の神髄は、敵にこちらの動きを察知させない状態――つまり「無形」にある。こちらの態勢が無形であれば、敵側の間者が陣中深く潜入したところで、何もさぐり出すことはできないし、敵の軍師がいかに知謀にたけていても、攻め破ることができない。

敵の態勢に応じて勝利を収めるやり方は、一般の人にはとうてい理解できない。かれらは、味方のとった戦争態勢が勝利をもたらしたことは理解できても、それがどのように運用されて勝利を収めるに至ったのかまではわからない。

それ故、同じ戦争態勢を繰り返し使おうとするが、これはまちがいである。戦争態勢は敵の態勢に応じて無限に変化するものであることを忘れてはならない。

柔構造の組織

「形」の窮極は「無形」に至る――つまり態勢は固定不変のものではな

く、相手次第でいかようにも変化することのできるのが理想であるという。このくだりは組織論として読んでも面白い。

どんな組織でも、いったんできあがってしまうと形骸化し、機動性を失っていく宿命を負っている。

それを避けるには、新しい情況に応じていつでも再構築できるような柔構造の組織であることが望ましい。

そこで『孫子』は、その理想のあり方を、自由自在に形をかえられる「水」に求めるのである。

7

実を避けて虚を撃《う》つ

それ兵の形は水に象《かたど》る。水の形は高きを避けて下《ひく》きに趨《おもむ》く。兵の形は実を避けて虚を撃つ。水は地に因りて流れを制し、兵は敵に因りて勝を制す。故に兵に常勢なく、水に常形なし。よく敵に因りて変化し、而して勝を取る者、これを神《しん》と謂《い》う。故に五行に常勝なく、四時に常位なく、日に短長あり、月に死生あり。

戦争態勢は水の流れのようであらねばならない。水は高い所を避けて低い所に流れて行くが、戦争も、充実した敵を避けて相手の手薄をついていくべきだ。水に一定の形がないように、戦争にも、不変の態勢はありえない。敵の態勢に応じて変化しながら勝利をしてこそ、絶妙な用兵といえる。それはちょうど、五行《ごぎょう》が相克《そうこく》しながらめぐり、四季、日月が変化しながらめぐっているのと同じである。

上善は水のごとし

水は入れ物に応じて自由自在に形をかえる。「兵の形は水に象《かたど》る」――戦争態勢もそのようであらねばならないという。『老子』にも「上善は水のごとし」とある。中国人は、兵法でも処世でも、水のありようを理想としてきたかのごとくである。兵法書の『尉繚子《うつりょうし》』にも、こうある。

「勇猛なる軍隊は、水にたとえることができる。水はきわめて柔く弱いが、しかし行く手にあたる丘陵を必ず崩し去る力をもっている。それはほかでもない、水の性質が終始一貫して変わらず、その運動法則も不変の理に基づいていているからである」（武議篇）

つけこむ隙はどこか

相手がどんなに強大でも、必ず手薄の部分があり、つけこむ隙がある。そこを衝けば戦いの主導権を握って勝利を収めることができるというのが、「実を避けて虚を撃つ」考え方である。これで成功した例は古今の戦史に数多く見られるが、たとえば春秋時代、晋《しん》軍と楚《そ》、陳《ちん》、蔡《さい》の連合軍が激突した「城濮《じょうぼく》の戦い」（西暦前六三二年）などもその一つであろう。このとき、晋軍を率いた文公は、まず連合軍の右翼を固めていた陳、蔡の軍に攻撃目標を定めた。というのは、陳、蔡勢は同盟国のよしみで参戦しただけで、もともとあまりやる気がなかった。したがって戦意にも乏しい。文公はそこに目をつけ、まずこれを叩いたのである。

ねらい通り、陳・蔡勢は、総くずれとなり、連合軍の右翼は壊滅した。これで戦いの主導権を奪った晋軍は、勢いに乗って楚軍まで撃破し、ついに大勝利を収めたのである。

【城濮《じょうぼく》の戦い】中国・春秋時代（紀元前六三二年）に晋と楚が激突し、晋が大勝した戦い。これにより、晋の文公は覇者としての地位を確立した

第7章

軍《ぐん》争《そう》篇

——「迂《う》直《ちょく》の計」で相手の油断を誘え

軍争篇のことば

＊迂《う》を以《も》って直《ちょく》となし、患を以って利となす

＊兵は詐《さ》を以って立つ

＊その疾《はや》きこと風のごとく、その徐《しず》かなること林のごとく、侵掠《しんりゃく》すること火のごとく、動かざること山の如し

＊その鋭気を避けてその惰帰《だき》を撃つ

＊佚《いつ》を以って労《ろう》を待ち、飽《ほう》を以って饑《き》を待つ

＊窮寇《きゅうこう》には迫ることなかれ

1 迂《う》を以って直《ちょく》となす

孫子曰く、およそ兵を用うるの法、将、命を君に受け、軍を合《がっ》し衆を聚《あつ》め、和を交えて舎《しゃ》するに、軍争より難きはなし。軍争の難きは、迂を以って直となし、患《かん》を以って利となすにあり。故にその道を迂にして、これを誘うに利を以ってし、人に後《おく》れて発し、人に先んじて至る。これ迂直の計を知る者なり。

戦争の段取りは、まず将軍が君主の命を受けて軍を編成し、ついで陣を構えて敵と対峙《たいじ》するわけであるが、そのなかで最もむずかしいのは、勝利の条件をつくり出すことである。

勝利の条件をつくるむずかしさは、「わざと遠回りをして敵を安心させ、敵よりも早く目的地に達し」「不利を有利に変える」ところにある。

たとえば、回り道をして迂回しながら、利で誘って敵の出足をとめ、敵よりおくれて出発しながら先に到着する。これが「迂直《うちょく》の計」――すなわち迂回しておいて速かに目的を達する計謀である。

迂直の計

「迂」とは回り道、すなわち曲線であり、「直」とは直線である。今、A地点からB地点に向かうとする。直線コースをとったほうが回り道をするよりも明らかに距離も短く時間もかからない。これは常識であって、誰でもそう考えるはずである。

そこで、わざと遠回りして敵を安心させる。あるいは、わざと時間をかけて敵の油断を誘う。そうしておいて電撃的にたたみかけるのが迂直の計である。常識の裏をかき、安心させておいて叩くわけであるから、敵の受ける心理的打撃はいっそう大きくなる。

閼与《あつよ》の戦い

「迂直の計」を用いて勝利を収めた例として、「閼与の戦い」をあげる

【閼与《あつよ》の戦い】 中国・戦国時代の紀元前二六九年に秦と趙との間で行われた戦い。趙奢《ちょうしゃ》率いる趙軍が秦軍を大破して勝利を収めた

ことができる。

時は中国の戦国時代、秦《しん》が大軍をもって趙《ちょう》領内の閼与に侵攻してきた。趙は名将の趙奢《ちょうしゃ》を防衛軍の総司令官に起用してこれを迎え撃たせた。ところが趙奢は閼与のはるか手前、趙の都からわずか三十里ほどの地点に軍をとどめて防衛戦を張り、閼与の救援におもむこうとしない。その間にも秦軍は、閼与を目ざして進撃を続ける。

たまたま秦の間者が趙軍にもぐりこんできた。趙奢は手厚くもてなして送りかえした。秦の将軍は間者の報告を聞いて、「敵は都から三十里の地点で軍をとどめている。これなら閼与はもらったも同然」と、ほくそえんだ。だが、趙奢は、間者を送りかえしたあと、すぐさま全軍に出撃を命じ、昼夜兼行で秦軍に馳せ向かった。そして閼与から五十里の地に布陣し、一隊をさし向けて、閼与防衛の要衝《ようしょう》の地北山《ほくざん》を占拠させた。

後れをとった秦軍はあわてて北山に攻め寄せたが、趙奢はいっきに主力を投入してこれを迎え撃ち、さんざんに撃ち破った。わざわざ時間をつぶして敵の油断を誘った「迂直の計」が、みごとあたったのである。

【趙奢《ちょうしゃ》】生没年不詳。中国・戦国時代の趙の政治家・将軍。元は「田部の吏」といわれる徴税官だったが、平原君《へいげんくん》に見識を認められ恵文王に推挙される。趙の国税の管理を任され、公平な租税により趙の国力を増強させた功労者。のちに将軍となり、閼与の戦いで秦の軍勢を撃退し、馬服君に封ぜられた

2

勝利はつねに危険と隣り合わせ

故に軍争は利たり、軍争は危たり。軍を挙げて利を争えば則ち及ばず、軍を委《す》てて利を争えば則ち輜重捐《す》てらる。この故に甲を巻きて趨《はし》り、日夜処《お》らず、道を倍して兼行《けんこう》し、百里にして利を争えば、則ち三将軍を擒《とりこ》にせらる。勁《つよ》き者は先だち、疲《つか》るる者は後《おく》れ、その法、十にして一至る。五十里にして利を争えば、則ち上将軍を蹶《たお》す。その法、半ば至る。三十里にして利を争えば、則ち三分の二至る。この故に、軍、輜重なければ則ち亡び、糧食なければ則ち亡び、委積《いし》なければ則ち亡《ほろ》ぶ。

勝利の条件をつくり出すことができれば、戦局の展開に有利となるが、しかし、それには危険も含まれている。たとえば、重装備のまま全軍をあげて戦場に投入しようとすれば、敵の動きに後れをとるし、逆に、軽装備で

急行しようとすれば、輜重《しちょう》（輸送）部隊が後方に取りのこされてしまう。したがって、昼夜兼行の急行軍で戦場におもむけば、その損害たるや甚大である。すなわち百里の遠征であれば、上軍、中軍、下軍の三将軍がすべて捕虜にされてしまう。なぜなら強い兵士だけが先になり、弱い兵士は取りのこされて、十分の一の兵力がやっと戦場に到着して戦うことになるからである。また、五十里の遠征であれば、兵力の半分しか戦場に到着しないから、上軍（先鋒部隊）の将軍が討ち取られてしまう。同じく三十里の遠征であれば、三分の二の兵力で戦う羽目になる。

これで明らかなように、輜重（装備）、糧秣、その他の戦略物資を欠けば、軍の作戦行動は失敗に終わるのである。

孫武《そんぶ》の進言

呉王闔閭《こうりょ》に仕えた孫武はその後、軍師として目ざましい活躍をしたとあるが、詳しいことはわからない。ただ一つ、『史記』につぎのような記載がある。

【闔閭】↓27ページ参照

——呉王闔閭は即位して三年目に、みずから軍を率いて楚《そ》に攻め入り、要衝の地舒《じょ》をおとしいれた。してやったりと、余勢をかって、いっきに楚の都郢《えい》まで進撃しようとした。

このとき、軍師の孫武が進言した。

「人民の疲弊がはなはだしく、まだその時期ではありません。なにとぞこれ以上の進攻はお見合わせください」

闔閭はこの進言に従い、ひとまず軍を引いて本国に帰還したとある。

急進撃にはそれだけの準備が必要である。準備不足と見ると、いったん軍を引いて時を待つ——これまた「迂直の計」といってよい。ちなみに、闔閭が孫武の進言によって再度楚に侵攻し、郢をおとしいれたのは、それから六年後のことであった。

孔明のハンデキャップ

蜀《しょく》の丞相《じょうしょう》諸葛亮（孔明）は西暦二二八年、「出師《すいし》の表」をたてまつって北征の軍をおこしてから、七年間に五度も魏《ぎ》領に進攻を試みたが、い

【諸葛亮（孔明）】↓29ページ参照

【出師《すいし》の表】 臣下が出陣する際に君主に奉る文書のこと。一般的に出師表というと、孔明が北伐前に皇帝劉禅に奏上した「（前）出師表」を指す

ずれも成功しなかった。

『三国志』の著者陳寿《ちんじゅ》はその用兵について「毎年このように遠征を試みながら目的を達することができなかったのは、臨機応変の軍略が不得意だったからではあるまいか」と疑問を投げかけているが、孔明の失敗は用兵のまずさというよりもむしろ、かれほどの軍略をもってしても遠征軍のハンデを克服しきれなかったところにあった。蜀から魏領に攻め入るには「蜀の桟道《さんどう》」と呼ばれる絶壁にかけわたした橋のような道を通らなければならない。人間の通るのさえやっとのことであるから、まして軍糧の補給は困難をきわめる。

事実、孔明は遠征のたびごとに輜重《しちょう》に頭をいため、「木牛・流馬」のような運搬手段を考案したり、ついには遠征先で屯田をおこすなど、軍糧の確保に万全を期したが、それでもうまくいかなかった。もともと遠征軍というのは、孔明ほどの智謀をもってしても克服できないほどのハンデを背負っているのである。

3 兵は詐《さ》を以って立つ

故に諸侯の謀を知らざる者は、予《あらかじ》め交わること能《あた》わず。山林、険阻、沮沢《しょたく》の形を知らざる者は、軍を行《や》ること能わず。郷導《きょうどう》を用いざる者は、地の利を得ること能わず。故に兵は詐を以って立ち、利を以って動き、分合《ぶんごう》を以って変をなす者なり。

諸外国の動向を察知していなければ、外交交渉を成功させることはできない。敵国の山川、森林、沼沢などの地形を知らなければ、軍を追撃させることはできない。また、道案内を用いなければ、地の利を得ることはできない。

作戦行動の根本は、敵をあざむくことである。有利な情況のもとに行動し、兵力を分散、集中させ、情況に対応して変化しなければならない。

だましあいも許されるのが戦争という非日常

「詐」とは、だますことである。一般の人間関係においては非難されるべきことであるが、人の生死、国家存亡をかけた戦争の場においては許されるという考え方になる。

さきに「兵は詭道なり」（始計篇）と喝破《かっぱ》した『孫子』は、ここでまた「兵は詐を以って立つ」と強調する。

迂直の計もまた「詐」にほかならない。

4

疾《はや》きこと風のごとし

故にその疾きこと風のごとく、その徐《しず》かなること林のごとく、侵掠《しんりゃく》すること火のごとく、動かざること山のごとく、知りがたきこと陰のごとく、動くこと雷霆《らいてい》のごとし。郷を掠《かす》むるには衆を分かち、地を廓《ひろ》むるには利を分かち、権を懸《か》けて動く。迂直の計を先知する者は勝つ。これ軍争の法なり。

したがって作戦行動にさいしては、疾風のように行動するかと思えば、林のように静まりかえる。燃えさかる火のように襲撃するかと思えば、山のごとく微動だにしない。暗闇に身をひそめたかと思えば、万雷のようにとどろきわたる。兵士を分遣しては村落を襲い、守備隊をおいて占領地の拡大をはかり、的確な情況判断に基づいて行動する。要するに、敵に先んじて「迂直の計」を用いれば、必ず勝つ。これが勝利する条件である。

風林火山

甲斐の武田信玄が「疾きこと風のごとく、徐かなること林のごとく……」から「風林火山」の四文字をとって旗印としたことは広く知られている。甲州軍団は信玄の命令一下、このことば通りに動いた。武田流軍学の特徴は、正と奇、静と動の組み合わせにあったといわれている。

【武田《たけだ》信玄《しんげん》】 一五二一～一五七三年。日本の戦国時代の武将、甲斐（現山梨県）の守護大名。「甲斐の虎」の異名をもち、当時最強の騎馬軍団を有する。「川中島の戦い」で越後の上杉謙信と熾烈な戦いを繰り広げた。漢詩や兵法に通じる教養人としても知られ、軍旗に『孫子』の一節「風林火山」より「疾如風　徐如林　侵掠如火　不動如山」を掲げていた

5 衆を用いるの法

軍政に曰く、言えども相聞えず、故に金鼓をつくる。視《しめ》せども相見えず、故に旌旗をつくる、と。それ金鼓、旌旗は人の耳目を一にする所以《ゆえん》なり。人すでに専一なれば、則ち勇者《ゆうじゃ》も独り進むことを得ず、怯者も独り退くことを得ず。これ衆を用うるの法なり。故に夜戦に火鼓多く昼戦に旌旗多きは、人の耳目を変うる所以なり。

古代の兵書に、

「口で号令をかけるだけでは聞きとれないので、金鼓《きんこ》を使用する。手で指図するだけでは見分けることができないので、旌旗《せいき》を使用する」とある。

金鼓や旌旗は、兵士の耳目を一つにするためのものである。これで兵士を統率すれば、勇猛な者でも独断で抜け駆けすることができず、臆病な者でも勝手に逃げ出すことができない。これが大軍を動かす秘訣である。特に、夜戦ではかがり火と太鼓をふやし、昼戦では旌旗を多用して、部隊間の連絡を密にしなければならない。

いかにして集団の力をまとめるか

員数ばかり多くても、構成員の一人ひとりが自分勝手な動きをしていたのでは、組織としての力を発揮することができない。命令一下、整然と行動してこそ、組織としての機能が発揮される。これは、今も昔も変わりない。

【金鼓《きんこ》】戦場で指揮伝達に用いる青銅製の陣太鼓

【旌旗《せいき》】戦場で伝令や合図に用いた旗のこと

6 勝利をたぐりよせる四要素

故に三軍は気を奪うべく、将軍は心を奪うべし。この故に朝の気は鋭《えい》、昼の気は惰《だ》、暮の気は帰《き》。故に善く兵を用うる者は、その鋭気を避けてその惰帰を撃つ。これ気を治むるものなり。治を以って乱を待ち、静を以って譁《か》を待つ。これ心を治むるものなり。近きを以って遠きを待ち、佚《いつ》を以って労《ろう》を待ち、飽《ほう》を以って饑《き》を待つ。これ力を治むるものなり。正正の旗を邀《むか》うることなく、堂堂の陣《じん》を撃つことなし。これ変を治むるものなり。

かくて、敵軍の志気を阻喪《そそう》させ、敵将の心を攪乱《かくらん》することができるのである。

そもそも、人の気力は、朝は旺盛であるが、昼になるとだれ、夕方には休息を求めるものだ。軍の志気もそれと同じである。それ故、戦上手は、敵の志気が旺盛なうちは戦いを避け、志気の衰えたところを撃つ。「気」を掌握するとは、これをいうのである。

また、味方の態勢をととのえて敵の乱れを待ち、じっと鳴りをひそめて敵の仕掛けを待つ。「心」を掌握するとは、これをいうのである。

さらに、有利な場所に布陣して遠来の敵を待ち、十分な休養を取って敵の疲れを待ち、腹いっぱい食って敵の飢えを待つ。「力」を掌握するとは、これをいうのである。

もう一つ、隊伍をととのえて進撃してくる敵、強大な陣を構えている敵とは、正面衝突を避ける。「変」を掌握するとは、これをいうのである。

勝ち易きに勝つための気、心、力、変

ここで述べられているのは、つぎの四つのことである。

気——士気
心——心理
力——戦力

【長勺《ちょうしゃく》の戦い】紀元前六八四年、大国の斉が小国の魯に侵攻したことで勃発した戦い。魯は軍師曹《そう》劌《けい》の差配により勝利を収めた

変――変化

これを読み取って、「勝ち易きに勝つ」（軍形篇）のが、すぐれた指揮官といえる。

長勺《ちょうしゃく》の戦い

「気（士気）」を掌握して勝利を収めた例として、春秋《しゅんじゅう》時代、斉《せい》と魯《ろ》のあいだで戦われた「長勺の戦い」をあげることができる。

西暦前六八四年、斉の大軍が魯の領内に攻めこんできた。魯の荘《そう》公はみずから軍を率い長勺の地でこれを迎え撃った。荘公は布陣をおえると、すぐさま戦鼓を打ち鳴らして出撃しようとした。すると、軍師の曹劌《そうけい》という者が、「まだ、まだ」と制止する。こうして魯軍がじっと鳴りをひそめていると、相手の斉軍は三たび戦鼓を鳴らして終わり、ようやく攻撃に移ろうとする構えである。「さあ、今です」――曹劌の声に、魯軍は、初めて戦鼓をとどろかせて、どっと撃って出た。結果は、魯軍の大勝利である。

【荘公《そうこう》】 紀元前七〇六～前六六二年。在位は前六九三～前六六二年。中国・春秋時代の魯の第十六代君主。家柄を問わず実力重視で人材を登用した改革派として知られる

【曹劌《そうけい》（曹沫《そうかい》）】 生没年不詳。中国・春秋時代、魯の荘公に仕えた武将。盟約の席で、斉の桓公の喉元に匕首を突きつけ、強引に魯の領地返還を認めさせたことでも有名

荘公は味方の勝利を信じかね、あとで曹劌に理由をたずねた。曹劌はこう答えたという。

「それ戦いは勇気なり。一たび鼓《こ》して気を作《おこ》し、再びして衰《おとろ》え、三たびして竭《つ》く。かれ竭き、われ盈《み》つ。故にこれに勝つ」

相手の気（士気）の尽きるのを待って撃って出たから勝ったというのである。

逸《いつ》を以《も》って労《ろう》を待つ

敵が優勢、味方が劣勢なときは、守りを固めて敵の疲れを待ち、敵の疲れに乗じていっきに叩く、というのが「逸を以って労を待つ」戦略である。これで大勝を収めたのが、「夷陵《いりょう》の戦い」（西暦二二二年）における陸遜《りくそん》の用兵だった。

蜀の劉備《りゅうび》は、盟友の関羽《かんう》が孫権の謀略にはまって討ち取られたことを無念に思い、亡き関羽の仇を討とうと、この年、大軍を動員して呉領に攻めこんだ。なにしろ長江の流れを攻め下るのだから、進撃のスピード

【夷陵《いりょう》の戦い】中国・三国時代の二二二年に行われた、劉備率いる蜀漢軍と、陸遜《りくそん》率いる呉軍との戦い。劉備の用兵のまずさから蜀軍が大敗北を喫し、これを機に蜀の衰退が始まる

【陸遜《りくそん》】一八三〜二四五年。中国の後漢・三国時代の武将・政治家。孫権に才能を買われ、関羽討伐や夷陵の戦いで活躍。軍事と政治の両面で重用されたが、晩年は国内の政争に巻き込まれ、孫権と対立

も速い。またたくまに、要衝の地夷陵をおとしいれ、蜀軍の気勢は大いにあがった。

これに対し、孫権は陸遜を総司令官に起用して防衛軍の指揮をとらせる。劉備出撃の知らせに、呉軍の諸将はいっせいに色めきたった。だが、陸遜はこういってはやる諸将を押さえた。

「劉備は全軍をあげて攻めこんできた。その勢いはあたるべからざるものがある。しかも、天然の要害を利用して布陣しているゆえ、思うようには攻め破れない。たとい攻撃が成功したとしても、全軍を壊滅させることはできまい。もし失敗したら、とりかえしのつかぬ事態を招こう。**ここはしばらく味方の士気をゆるめることなく、万端の手はずをととのえて情勢の変化を待とう**。この一帯が平野であれば、軍を展開されて収拾のつかぬ乱戦に巻きこまれもしようが、敵は山づたいに進撃しているゆえ、それもままなるまい。しかも、山道の行軍に疲労もつのろうというもの。**わが方はじっくり腰をすえて、敵の疲れを待つのだ**」

陸遜は守りを固めるばかりでいっこうに動こうとしない。戦局が長び

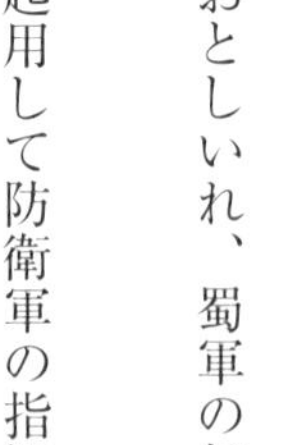

【劉備《りゅうび》】 一六一～二二三年。中国・後漢末期～三国時代の武将、蜀漢の初代皇帝。漢王室の遠縁を名乗り、義兄弟の関羽や張飛と共に民衆の支持を集めた。「赤壁の戦い」に勝利し蜀漢を建国。三国鼎立を実現したが、関羽の死を機に呉と対立。「夷陵の戦い」で敗北し勢力を縮小した

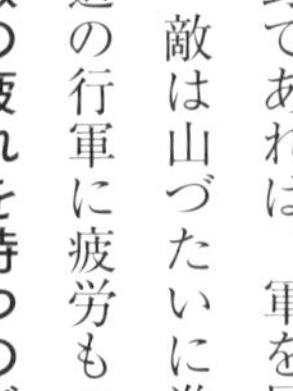

【関羽《かんう》】 生年不詳～二一九年頃。中国・後漢末期

いては遠征軍に不利である。劉備はたびたび仕掛けて戦いを強要するが、陸遜は乗らない。こうして持久すること半年、劉備の軍にようやく疲れが見えてきた。いよいよ反転攻勢のときである。陸遜は諸将を集めて攻撃準備を命じた。ところが諸将は、こぞって反対した。

「攻撃をかけるなら、出端《でばな》を叩くべきでした。今では五、六百里も敵に攻めこまれ、すでに半年以上も経過しました。その間、敵は数々の要害をおとしいれて守りを固めている始末。今から攻撃しても勝ち目はありませんぞ」

「いや、それはちがう。なにしろ劉備は千軍万馬の古強者。攻めこんできた当初は、緻細な作戦を立ててきたので、戦っても勝ち目はなかった。ところが今は、**戦線が膠着状態におちいり、敵の疲労はその極に達して士気も衰え、そのうえ、これといった打開策も持ちあわせておらぬ。**今こそ包囲殲滅《せんめつ》する絶好の機会だ」

陸遜はこう言うと、全軍に命じて総攻撃をかけ、いっきに蜀軍を攻め破った。

～蜀の武将で、劉備の義弟。荊州守備時、樊城《はんじょう》攻略で一時魏を圧倒したが、呉との挟撃により敗北、捕らわれ処刑された

【孫権《そんけん》】 一八二～二五二年。中国・三国時代の武将、呉の初代皇帝。兵法家であった孫武の末裔とされる。蜀の劉備と連合して「赤壁の戦い」で魏の曹操を破り、ついで劉備の部下関羽を襲って荊州を奪って建業（南京）を都として華中・華南の開発を行った

飽を以って饑を待つ

始皇軍団を率いた智将に王翦《おうせん》という将軍がいた。楚の領内に攻めこんで楚軍と対陣したときのことである。楚軍はこれ以上領内に進攻されてなるものかと、決死の覚悟で迎え撃った。ところが王翦は、堅固な堡塁《ほるい》を築いて、容易に戦おうとしない。楚軍が誘いをかけても、がんとして動かない。それどころか、全軍を休息させ、ふんだんに食糧を支給し、士卒と食事をともにしては、その労をねぎらっていた。こんな状態が続いたあと、王翦が、「兵士は陣中でどうしているか」と全軍の様子をたずねると、「運動競技に熱中しております」との報告である。聞いて王翦は、「よし、これで態勢は万全だ」と、会心の笑みをもらしたという。

一方、楚軍は、相手が押しても引いても動こうとしないので、東方へ引きあげを開始した。王翦は、時至れりとばかり、全軍を繰り出して追撃し、さんざんに撃ち破った。

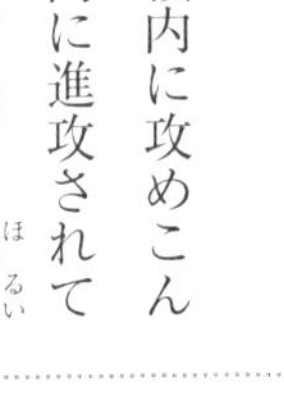

【王翦《おうせん》】生没年不詳。中国・戦国時代を代表する将軍。秦王政（後の始皇帝）に仕え、趙・楚を滅ぼすなど、秦の天下統一に貢献。白起・廉頗・李牧と並び戦国四大名将の一人とされる

7

窮寇《きゆうこう》には迫ることなかれ

故に兵を用いるの法は、高陵《こうりよう》には向かうことなかれ、丘を背にするには逆《むか》うことなかれ、佯《いつわ》り北《に》ぐるには従うことなかれ、鋭卒には攻むることなかれ、餌兵《じへい》には食らうことなかれ、帰師《きし》には遏《とど》むることなかれ、囲師《いし》には必ず闕《か》き、窮寇《きゆうこう》には迫《せま》ることなかれ。これ兵を用うるの法なり。

したがって、戦闘にさいしては次の原則を守らなければならない。

一、高地に布陣した敵を攻撃してはならない。
二、丘を背にした敵を攻撃してはならない。
三、わざと逃げる敵を追撃してはならない。
四、戦意旺盛な敵を攻撃してはならない。
五、おとりの敵兵にとびついてはならない。

六、帰国途上の敵のまえに立ちふさがってはならない。
七、敵を包囲したら必ず逃げ道を開けておかなければならない。
八、窮地に追いこんだ敵に攻撃をしかけてはならない。
これが戦闘の原則である。

人間関係の機微

『孫子』は以上の結論として「戦闘べからず集」八項目をあげているが、この中で、人間関係を考えるうえでも参考としたいのが、七と八のつぎの二項である。

一、囲師には必ず闕《か》く

一、窮寇には迫ることなかれ

なぜこれが不可なのか。逃げ道を断たれた敵は、「窮鼠《きゆうそ》、猫を嚙む」勢いで反撃してくる恐れがあるからだ。そうなると、こちらもかなりの損害を覚悟しなければならない。人間関係についても、同じことがいえる。

近ごろ、子どもの自殺がしきりに報じられる。その原因について、ある心理学者が、「学校も親も子どもを立つ瀬のない状態に追いこむからではないか」と語っているのを聞いて、なるほどと思った。子どもは、社会的には弱者である。弱者は追いつめられると死を選ぶ。では、おとなの場合はどうか。相手を立つ瀬のない状態に追いつめれば、いつか手ひどい反撃があることを覚悟しなければならない。同僚との関係、部下との関係、すべて然りである。中国の俚諺《りげん》にも、「追いつめられたら、人は造反し、犬は垣根をとびこえる（人急造反、狗急跳墻）」とある。『孫子』のここにあげた二項目は、人間関係の「べからず集」としても、銘記されなければならない。

第8章

九《きゆう》変《へん》篇

——大局観で「臨機応変」に対応せよ

九変篇のことば

＊君命に受けざる所あり

＊智者の慮は必ず利害に雑《まじ》う

＊兵を用うるの法は、その来たらざるを恃《たの》むことなく、吾の以って待つ有ることを恃むなり

＊必死は殺さるべきなり、必生は虜《とりこ》にさるべきなり

1 君命に受けざる所あり

孫子曰く、およそ兵を用うるの法は、将、命を君に受け、軍を合《がっ》し衆を聚《あつ》め、圮《ひ》地《ち》には舎《やど》ることなく、衢《く》地《ち》には交わり合し、絶《ぜっ》地《ち》には留《とど》まることなく、囲《い》地《ち》には則ち謀り、死《し》地《ち》には則ち戦う。塗《みち》に由《よ》らざる所あり、軍に撃たざる所あり。城に攻めざる所あり。地に争わざる所あり。君命に受けざる所あり。

将帥は君主の命を受けて軍を編成し、戦場に向かうのであるが、戦場にあっては、次のことに注意しなければならない。

一、「圮《ひ》地《ち》」すなわち行軍の困難な所には、軍を駐屯させてはならない。

二、「衢《く》地《ち》」すなわち諸外国の勢力が浸透し合っている所では、外交交渉に重きをおく。

三、「絶《ぜっ》地《ち》」すなわち敵領内深く進攻した所に、長くとどまってはならない。

四、「囲地《いち》」すなわち敵の重囲におちて進むも退くもままならぬときは、たくみな計略を用いて脱出をはかる。

五、「死地《しち》」すなわち絶体絶命の危機におちいったときは、勇戦あるのみ。

以上の五原則は、別の角度から見れば、次のようにもまとめられる。

一、道には、通ってはならない道もある。

二、敵には、攻撃してはならない敵もある。

三、城には、攻めてはならない城もある。

四、土地には、奪ってはならない土地もある。

五、君命には、従ってはならない君命もある。

曲線的思考法

『孫子』の兵法がきわめて政治性に富み、柔軟で、しかも曲線的な考え方の上に立っていることは、このくだりからも明らかであろう。

これは、『孫子』の兵法だけではなく、中国人の考え方がそうなのである。たとえば、以上の考え方を処世にあてはめれば、「利益」には、むさぼってはならない利益もあるといいかえることができる。

日本人は、目の前に利益がぶらさがっていると、直線的にとびつこうとするのに対し、中国人は、待てよと曲線思考をはたらかせ、それの直線的な追求に禁欲的である。こういう考え方が『孫子』の兵法にも反映しているのだ。

半兵衛の機転

織田信長が秀吉に中国征伐を命じたときのことである。荒木村重《あらきむらしげ》が信長に反旗をひるがえしたので、黒田官兵衛《くろだかんべえ》が説得におもむいて行った。ところが荒木方は官兵衛をひっとらえて牢にぶちこんだうえ「官兵衛が味方についた」とデマをとばした。まに受けた信長は、官兵衛が人質としてさし出していた一子松寿《ショウジュ》（のちの黒田長政）を竹中半兵衛に命じて殺させようとした。半兵衛がなんと諫《いさ》めても、信長は聞きいれようと

【織田信長の中国征伐】一五七七～一五八二年にかけて、天下統一を目指す織田信長が毛利輝元が治める山陽・山陰地方に進攻した戦い。総大将は主に羽柴秀吉が務めていたが、本能寺の変で信長が横死したため未完のまま終わった

しない。やむなく半兵衛は「承知しました」と言って引き退《さが》ったが、松寿を殺さずに、ひそかにかくまっておいた。

一年後、荒木の反乱が平定され、半死半生の官兵衛が救出されたとき、信長は「官兵衛に会わせる顔がない」と言って嘆いたが、あとで半兵衛から松寿の無事を聞かされ、大いに喜んだという。

「君命に受けざる所あり」の好例といえよう。

2 応変の才のある将だけが用兵の資格をもつ

故に将、九変の利に通ずれば、兵を用うるを知る。将、九変の利に通ぜざれば、地形を知るといえども、地の利を得ること能《あた》わず。兵を治めて九変の術を知らざれば、五利を知るといえども、人の用を得ること能わず。

したがって、臨機応変の効果に精通している将帥だけが、軍を率いる資格がある。これに精通していなければ、たとい戦場の地形を掌握していたとしても、地の利を活かすことができない。

また、軍を率いながら臨機応変の戦略を知らなければ、かりに先の五原則をわきまえていたとしても、兵卒に存分の働きをさせることができない。

原則と応用

原文の「九変」とは、臨機応変の運用という意味である。

ここで『孫子』がいわんとしているのも、**原則と応用の関係**であろう。

つまり、原則は心得ていなければならないが、それだけでは十分ではない、**原則の適用にさいしては、その時々の情況に応じて臨機応変の運用をすべし**と言っているのである。

3 智者の慮《りょ》は必ず利害に雑《まじ》う

この故に、智者の慮《りょ》は必ず利害に雑《まじ》う。利に雑えて、而して務《つと》め信《の》ぶべきなり。害に雑えて、而して患《うれ》い解くべきなり。この故に、諸侯を屈するものは害を以ってし、諸侯を役《えき》するものは業《ぎょう》を以ってし、諸侯を趨《はし》らすものは利を以ってす。

智者は、必ず利益と損失の両面から物事を考える。すなわち、利益を考えるときには、損失の面も考慮に入れる。そうすれば、物事は順調に進展する。逆に、損失をこうむったときには、それによって受ける利益の面も考慮に入れる。そうすれば、無用な心配をしないですむ。それ故、敵国を屈服させるには損失を強要し、国力を消耗させるにはわざと事を起こして疲れさせ、味方にだきこむには利益で誘うのである。

物事を両面から考える思考法

物事を考えたり処理したりするとき、ある一面からだけでなく、多方面からアプローチしようとするのも、中国人の特徴の一つである。

たとえば、諸葛孔明はその著『便宜十六策』（『諸葛孔明の兵法』守屋洋著）のなかでこう語っている。

「問題を解決するためには一面的な態度で臨んではならない。つまり、利益を得ようとするなら、損害のほうも計算に入れておかなければならない。成功を夢みるなら、失敗したときのことも考慮に入れておく必要がある」

また、毛沢東も『実践論』のなかでこう語っている。

「問題を主観的、一面的、表面的に見る人に限って、どこへ行っても周囲の情況をかえりみず、ことがらの全体を見ようとせず、ことがらの本質にはふれようともしないで、ひとりよがりに命令を下す。こういう人間がつまずかないはずがない」

【便宜《べんぎ》十六策《さく》】 諸葛孔明がまとめた4冊の兵法のうちのひとつ。ほかに『将苑』『心書』『新書』がある

4 敵を断念させるような備えをする

故に兵を用うるの法、その来たらざるを恃むことなく、吾の以って待つ有ることを恃むなり。その攻めざるを恃むことなく、吾の攻むべからざる所有るを恃むなり。

したがって、戦争においては、敵の来襲がないことに期待をかけるのではなく、敵に来襲を断念させるような、わが備えを頼みとするのである。敵の攻撃がないことに期待をかけるのではなく、敵に攻撃の隙を与えないような、わが守りを頼みとするのである。

すぐれた経営者は「全天候型」で考える

客観情況を無視して希望的観測に走る人間をドン・キホーテ型という。

これでは早晩、現実からきびしいしっぺ返しを受けることになろう。

『孫子』は、希望的観測を拒否する。このくだりを企業経営にあてはめれば、経済情勢の変化に期待をかけるのではなく、どんな経済情勢の下においてもやっていけるような「全天候型」をめざせ、ということになろう。

また、個人の処世にあてはめると、ガードを固めて失点を少なくせよということになるかもしれない。

5 必死は殺され、必生は虜《とりこ》にさる

故に将に五危《ごき》有り。必死は殺さるべきなり、必生は虜にさるべきなり、忿速《ふんそく》は侮《あなど》らるべきなり、廉潔《れんけつ》は辱《はずか》しめらるべきなり、愛民は煩《わずらわ》さるべきなり。およそこの五者は将の過《あやま》ちなり、兵を用うるの災《わざわ》いなり。軍を覆《くつがえ》し将を殺すは必ず五危を以ってす。察せざるべからず。

将帥《しょうすい》には、おちいりやすい五つの危険がある。

その一は、いたずらに必死になることである。これでは、討死をとげるのがおちだ。

その二は、なんとか助かろうとあがくことである。これでは、捕虜になるのがおちだ。

その三は、短気で怒りっぽいことである。これでは、みすみす敵の術中にはまってしまう。

その四は、清廉潔白である。これでは、敵の挑発に乗ってしまう。

その五は、民衆への思いやりを持ちすぎることである。これでは、神経がまいってしまう。

以上の五項目は、将帥のおちいりやすい危険であり、戦争遂行のさまたげとなるものだ。軍を壊滅させ、将帥を死に追いやるのは、必ずこの五つの危険である。十分に考慮しなければならない。

過ぎたるは及ばざるがごとし

ある一つのことにとらわれると、余裕を失ってしまう。将帥に望まれるのは、総合判断力であり、バランス感覚である。

たとえば「必死」とは事にあたって一所懸命つとめるという意味で、欠点どころか美徳のように思われる。しかし、それだけを思いつめるとかえってマイナス面が拡大されてくる。将帥に必要なのは、**自分が「必死」になることよりも、むしろ部下を「必死」にさせること**である。そこを配慮するのが、将帥のつとめなのだ。「廉潔潔白」にしても、「民衆への思いやり」にしても、もともとは美徳であって、将帥の必要条件といってもよい。しかし、それにこだわると、かえってそれが弱点に転化する。

このくだりは逆説のようであって逆説ではない。人間心理に対する深い洞察から生まれた、核心を衝く記述なのである。

第9章

行軍《こうぐん》篇

——「作戦行動」の心得と「敵情探索」の秘訣

行軍篇のことば

＊辞卑《ことばひく》くして備えを益《ま》すは進むなり。
辞彊《つよ》くして進駆《しんく》するは退くなり

＊しばしば賞するは、窘《くる》しむなり

＊兵は多きを益《えき》とするにあらず

＊慮《おもんぱか》りなくして敵を易《あなど》る者は、
必ず人に擒《とりこ》にせらる

＊これに令するに文を以ってし、
これを斉《ととの》うるに武を以ってす

1 地形に応じた四つの戦法

孫子曰く、およそ軍を処き敵を相るに、山を絶ゆれば谷に依り、生を視て高きに処り、隆きに戦いて登ることなかれ。これ山に処るの軍なり。水を絶れば必ず水に遠ざかり、客、水を絶りて来たらば、これを水の内に迎うるなく、半ば済らしめてこれを撃つは利なり。戦わんと欲する者は、水に附きて客を迎うることなかれ。生を視て高きに処り、水流を迎うることなかれ。これ水上に処るの軍なり。斥沢を絶ゆれば、ただ亟かに去りて留まることなかれ。もし軍を斥沢の中に交うれば、必ず水草に依りて衆樹を背にせよ。これ斥沢に処るの軍なり。平陸には易きに処りて高きを右背にし、死を前にして生を後にせよ。これ平陸に処るの軍なり。およそこの四軍の利は、黄帝の四帝に勝ちし所以なり。

――次に、地形に応じた戦法と敵情の観察法について述べよう。

まず、地形に応じた戦法であるが、

一、山岳地帯で戦う場合――

山地を行軍するときは谷沿いに進み、視界の開けた高所に布陣する。敵が高所に布陣している場合は、こちらから攻め寄せてはならない。

二、河川地帯で戦う場合――

河を渡るときは、渡りおえたら、すみやかに河岸から遠ざかる。敵が河を渡って攻め寄せてきたときは、水中で迎え撃ってはならない。半数が渡りおえたところで攻撃をかけるのが、効果的である。ただし、あまり河岸に接近してはならない。また、岸に布陣するときは、視界の開けた高所を選ぶ。河下に布陣して河上の敵と戦ってはならない。

三、湿地帯で戦う場合――

湿地帯を移動するときは、すみやかに通過すべきである。やむなく湿地帯で戦うときは、水と茂みを占拠し、木々を背にして戦わなければならない。

四、平地で戦う場合――

背後に高地をひかえ、前面に低地がひろがる平坦な地に布陣する。

以上が、地形に応じた有利な戦法である。むかし、黄帝が天下を統一できたのは、この戦法を採用したからにほかならない。

現代に通じる「合理的思考」

『孫子』の兵法は、いうまでもなく二千五百年もまえの戦争の現実から帰納されたものである。したがって、作戦行動に関する具体的な記述は、戦闘形態の変化とともに有効性を失ってしまった部分も少なくない。地形に応じた戦法などもその一つであろう。しかし、ここで述べられている四つの場合は、いずれも無理がなく、なるほどと納得させられる。それだけ、考え方が合理的なのである。『孫子』から学ぶべきは、むしろこういう合理的な考え方にこそあるのかもしれない。

参考として、つぎに、河をはさんでの戦いにおける失敗例を二つあげてみよう。一つは、『孫子』の兵法を無視しての失敗例、他の一つは、『孫子』の兵法を利用しそこねての失敗例である。

お人好《よ》しが過ぎて好機を逸した《宋襄《そうじょう》の仁《じん》》

西暦前六三八年十一月一日、宋の襄公《じょうこう》は泓水《おうすい》のほとりで楚の大軍を迎え撃った。この日、宋軍はすでに陣形をととのえて楚軍を待ちかまえていたが、楚軍のほうは布陣はおろか、まだ河も渡りおえてはいなかった。

それを見て、宋軍の参謀長の目夷《もくい》が進言した。「敵は多勢、味方は小勢です。敵がまだ河を渡りきらぬところを攻めたてましょう」。しかし襄公は、「そんな卑怯なことはできぬ」と言って、とり合わない。

その間に楚軍は渡河をおえて、陣形の整備にかかった。目夷がかさねて攻撃を進言したが、襄公は、「いや、相手の陣形がととのってからだ」といって、なかなか攻撃命令を下さない。結果は明らかだった。

二度も好機を逸した宋軍は、圧倒的に優勢な楚軍に押しまくられ、総くずれとなって敗走した。

生兵法《なまびょうほう》は大怪我のもと《淝水《ひすい》の戦い》

河をはさんでの戦いで、『孫子』の兵法を利用しそこねて逆に大敗を

【宋襄《そうじょう》の仁】 余計な情けをかけたことで、かえってひどい目にあうこと。上記の故事による

【宋襄《そうじょう》公】 生年不詳～紀元前六三七年。中国・春秋時代の宋の君主（在位：前六五一～前六三七年）。斉の桓公死後、中原で覇を唱えようとするが、楚との戦い（泓水《おうすい》の戦い）に敗れ、その傷がもとで死亡

喫した例に、「淝水《ひすい》の戦い」がある。

西暦三八三年十一月、謝玄《しゃげん》の率いる晋軍が淝水のほとりに前秦の大軍を迎え撃った。持久戦となって晋軍に勝ち目はない。謝玄は敵の大将苻《ふ》堅《けん》のもとに軍使を送ってこう申し入れた。「ところで、どうであろう。そちらで少し軍を後退させてわれらに渡河の機会を与え、一気に勝敗を決する気はござらぬか」

この申し入れに、前秦軍の諸将は、「兵力は圧倒的にわれらが有利。向こう岸に釘づけにして渡河を許さなければ、万にひとつも負ける気づかいはありません」と反対したが、苻堅は、「なに、ほんの少し退くだけでよいのだ。敵が途中まで渡ったところを、騎兵を繰り出して、一気にたたく。われらの勝利疑いなしじゃ」と言って反対論を押さえ、全軍に撤退を命じた。

ところが、いちど後退を始めると、大軍のこととて、抑えがきかない。その隙に、晋軍は渡河をおえて、どっと攻め寄せてきた。前秦軍はなだれをうって敗走し、思わぬ大敗を喫したのである。

【淝水《ひすい》の戦い】 中国・五胡十六国時代の三八三年、前秦軍と東晋軍が淝水で激突した戦い。前秦軍が大敗を喫したことから、中国の南北分裂が決定的となった

2

軍は高きを好みて下《ひく》きを悪《にく》む

およそ軍は高きを好みて下きを悪み、陽を貴《たっと》びて陰を賤《いや》しむ。生を養いて実に処《お》り、軍に百疾なし。これを必勝と謂《い》う。丘陵堤防には必ずその陽に処りてこれを右背にす。これ兵の利、地の助けなり。上に雨ふりて水沫《すいまつ》至らば、渉《わた》らんと欲する者は、その定まるを待て。

軍の布陣では、低地を避けて高地を選ばなければならない。また、湿った日陰より日当りのよい場所を選ばなければならない。そうすれば、兵士の疾病を防ぐことができる。これが必勝の条件である。丘陵や堤防に布陣する場合は、必ず東南の地を選ばなければならない。そうすれば、地の利を得て、作戦を有利に展開することができる。渡河するとき、もし上流で雨が降って水嵩《みずかさ》が増していたら、水勢がおちつくまで待たなければならない。

3 近づいてはならぬ地形

およそ地に絶澗、天井、天牢、天羅、天陥、天隙有らば、必ず亟《すみや》かにこれを去りて近づくことなかれ。吾はこれに遠ざかり、敵はこれに近づかしめよ。吾はこれを迎え、敵にはこれを背《うしろ》にせしめよ。軍行に険阻《けんそ》、潢井《こうせい》、葭葦《かい》、山林、蘙薈《えいわい》有らば、必ず謹《つつし》んでこれを覆索《ふくさく》せよ。これ伏姦《ふくかん》の処《お》る所なり。

次の地形からはすみやかに立ち去り、けっして近づいてはならぬ。

「絶澗《ぜつかん》」――絶壁のきり立つ谷間

「天井《てんせい》」――深く落ちこんだ窪地

「天牢《てんろう》」――三方が険阻で、脱出困難な所

「天羅《てんら》」――草木が密生し、行動困難な所

「天陥《てんかん》」――湿潤の低地で、通行困難な所

「天隙《てんげき》」――山間部のでこぼこした所

このような所を発見したら、こちらからは近づかず、敵のほうから近づくようにしむける。つまり、ここに向かって敵を追いこむのである。

行軍中、険阻な地形、池や窪地、あしやよしの原、森林、草むらなどを見たら、必ず入念に探索しなければならない。なぜなら、そのような所には、敵の伏兵がひそんでいるからである。

地理的環境が兵士の心理に与える影響

ここではさまざまな地理的環境に適応した戦い方を述べているわけだが、『孫子』の考え方には、次の二つの特徴を見出すことができる。

（1）自軍を行動自由な状態において、機動性を発揮する

（2）兵士に心理的な安定感を与え、快感原則によって士気の高揚をはかる

すなわち、地理的な環境の良しあしが兵士の心理面に大きく作用し、戦況の行方をも大きく左右しかねないのである。

4 近くして静かなるはその険を恃《たの》む

敵近くして静かなるは、その険を恃めばなり。遠くして戦いを挑むは、人の進むを欲するなり。その居る所の易《い》なるは、利なればなり。衆樹の動くは、来たるなり。衆草の障《しょう》多きは、疑《ぎ》なり。鳥起《た》つは、伏なり。獣駭《おどろ》くは、覆《ふく》なり。塵《ちり》高くして鋭きは、車の来たるなり。卑《ひく》くして広きは、徒《と》の来たるなり。散じて条達《じょうたつ》するは、樵採《しょうさい》するなり。少くして往来するは、軍を営むなり。

敵が味方の側近く接近しながら静まりかえっているのは、険阻な地形を頼みにしているのである。

敵が遠方に布陣しながらしきりに挑発してくるのは、こちらを誘い出そうとしているのである。

敵が険阻な地形を捨てて平坦な地に布陣しているのは、そこになんらかの利点を見出しているのである。
木々が揺れ動いているのは、敵が進攻してきたしるしである。
草むらの仕掛けは、こちらの動きを牽制しようとしているのである。
鳥が飛び立つのは、伏兵がいる証拠である。
獣が驚いて走り出るのは、奇襲部隊が来襲してくるのである。
土埃《ぼこり》が高くまっすぐに舞いあがるのは、戦車が進攻してくるのである。
土埃が低く一面に舞いあがるのは、歩兵部隊が進攻してくるのである。
土埃がそちこちで細いすじのように舞いあがるのは、敵兵が薪《たきぎ》をとっているのである。
土埃がかすかに移動しながら舞いあがるのは、敵が宿営の準備をしているのである。

些細な現象も見逃さない敵情探索の心得

ここから四項目にわたって、敵情探索の心得の条が列記されるが、その方法論もきわめて合理的であり、科学的でさえある。

自然界であろうと、人間界であろうと、どんな現象にも、よってきたる原因がある。『孫子』は、どんな些細な現象でも見逃さず、その原因を分析することによって、敵情を察知しようとする。今日、われわれが『孫子』から学ぶべき点の一つは、こういう緻密な観察方法であろう。

雁《かり》と伏兵

「鳥起つは伏なり」で思い出されるのが、八幡太郎義家《はちまんたろうよしいえ》の話である。

前九年の役に出征し、陸奥《むつ》の国の安倍頼時《よりとき》、貞任《さだとう》父子を討って都へ凱旋した義家が、あるとき、友人たちとそのときの手柄話を語り合っていた。すると、それを隣りの部屋で聞いていた大江匡房《おおえのまさふさ》が、「立派な武将だが、惜しいことに兵法を知らぬ」と評したという。あとでそのことばを知った義家は、さっそく大江に弟子入りして兵法を学んだ。多分、テキストは『孫子』以下の中国の兵法書であったにちがいない。

さて、後三年の役で、再度出征して金沢《かねざわ》の柵《き》を攻めたときのことである。数里手前の所から、雁《かり》の群れが列を乱して飛ぶのが望見された。義

【八幡太郎義家《はちまんたろうよしいえ》（源義家）】一〇三九～一一〇六年。平安中期から後期の武将。鎌倉幕府を開いた源頼朝や室町幕府を開いた足利尊氏の祖先にあたる。文武に秀でた理想的な武士として、現代でも人気

家は、「あれは伏兵のいる証拠じゃ」と、兵をやって探索させたところ、はたしてそのとおりであった。義家は報告を受けると、「もし自分が兵法を学んでいなかったら、危ないところであった」と語ったという。

5

辞卑《ことばひく》くして備えを益《ま》すは進むなり

辞卑くして備えを益すは、進むなり。辞彊《つよ》くして進駆《しんく》するは、退くなり。軽車先ず出でてその側に居るは、陣《じん》するなり。約なくして和を請うは、謀るなり。奔走して兵車を陳《つら》ぬるは、期するなり。半進半退するは、誘うなり。

敵の軍使がへりくだった口上を述べながら、一方で、着々と守りを固めているのは、実は進攻の準備にかかっているのである。

逆に、軍使の口上が強気一点張りで、今にも進攻の構えを見せるのは、実は退却の準備にかかっているのである。

戦車が前面に出てきて両翼を固めているのは、陣地の構築にかかっているのである。

対陣中、突如として講和を申し入れてくるのは、何らかの計略があってのことである。

敵陣の動きがあわただしく、しきりに戦車を連ねているのは、決戦を期しているのである。

敵が進んでは退き、退いては進むのは、こちらを誘い出そうとしているのである。

6 利を見て進まざるは労《つか》るるなり

杖つきて立つは、飢《う》うるなり。汲《く》みて先ず飲むは、渇《かつ》するなり。利を見て進まざるは、労《つか》るるなり。鳥の集まるは、虚《むな》しきなり。夜呼ぶは、恐るるなり。軍擾《みだ》るるは、将重からざるなり。旌旗《せいき》動くは、乱るるなり。吏怒るは、倦《う》みたるなり。馬を殺して肉食するは、軍に糧なきなり。軍、缻《ふ》を懸《か》くることなくその舎《しゃ》に返らざるは、窮寇《きゅうこう》なり。諄諄翕翕《じゅんじゅんきゅうきゅう》として徐《おもむろ》に人と言うは、衆を失うなり。

敵兵が杖にすがって歩いているのは、食糧不足におちいっているのである。水汲みに出て、本人がまっさきに水を飲むのは、水不足におちいっているのである。有利なことがわかっているのに進攻しようとしないのは、疲労しているのである。

敵陣の上に鳥が群がっているのは、すでに軍をひきはらっているのである。

夜、大声で呼びかわすのは、恐怖にかられているのである。

軍に統制を欠いているのは、将軍が無能で威令が行なわれていないのである。

旗指物が揺れ動いているのは、将兵に動揺が起こっているのである。

軍幹部がむやみに部下をどなりちらすのは、戦いに疲れているのである。

馬を殺して食らうのは、兵糧が底をついているのである。

将兵が炊事道具を取りかたづけて兵営の外にたむろしているのは、追いつめられて最後の決戦を挑もうとしているのである。

将軍がぼそぼそと小声で部下に語りかけるのは、部下の信頼を失っているのである。

7 しばしば賞するは窘《くる》しむなり

数《しばしば》賞するは、窘《くる》しむなり。数罰するは、困《くる》しむなり。先に暴にして後にその衆を畏《おそ》るるは、不精《ふせい》の至りなり。来たりて委謝《いしゃ》するは、休息を欲するなり。兵怒りて相迎え、久しくして合せず、また相去らざるは、必ず謹《つつし》みてこれを察せよ。

将軍がやたらに賞状や賞金を乱発するのは、ゆきづまっている証拠である。逆に、しきりに罰を科すのも、ゆきづまっているしるしである。また、部下をどなりちらしておいて、あとで離反を気づかうのは、みずからの不明をさらけ出しているのである。敵がわざわざ軍使を派遣して挨拶してくるのは、休養を欲して時間かせぎをしているのである。

敵軍がたけりたって攻め寄せてきながら、いざ迎え撃つと戦おうとせず、されればといってひきあげもしないのは、なにか計略あってのことだ。そんなときは、慎重に敵の意図をさぐらなければならない。

すぐれたリーダーは節度をわきまえ、真贋を見抜く目を持つ

前半は組織運営がうまくいかないリーダーの典型的なパターンが列挙され、後半は、戦時下における敵情視察のポイントが挙げられる。

勲章や感謝状は、稀少価値があってこそ有難味《ありがたみ》があるというもの。乱発されては効果も薄くなる。

旧日本軍は、太平洋戦争の末期になるほどこれを乱発した。近ごろの勲章のばらまきぶりも、これに近いものがありそうだ。

また、「部下をどなりちらしておいて、あとで離反を気づかう」というくだりなども、耳が痛いリーダーが多いのではなかろうか。

8 兵は多きを益とするにあらず

兵は多きを益とするにあらざるなり。ただ武進することなく、以って力を併《あ》わせて敵を料《はか》るに足らば、人を取らんのみ。それただ慮《おもんぱか》りなくして敵を易《あなど》る者は、必ず人に擒《とりこ》にせらる。卒、いまだ親附《しんぷ》せざるに而《しか》もこれを罰すれば、則《すなわ》ち服せず。服せざれば則ち用い難きなり。卒すでに親附せるに而も罰行なわれざれば、則ち用うべからざるなり。故にこれに令するに文《ぶん》を以ってし、これを斉《ととの》うるに武《ぶ》を以ってす。これを必取《ひっしゅ》と謂う。令、素《もと》より行なわれて、以ってその民を教うれば、則ち民服す。令、素より行なわれずして、以ってその民を教うれば、則ち民服せず。令、素より行なわるる者は、衆と相得るなり。

兵士の数が多ければ、それでよいというものではない。やたらに猛進することを避け、戦力を集中しながら敵情の把握につとめてこそ、はじめて勝利を収めることができるのである。逆に深謀遠慮を欠き、敵を軽視するならば、敵にしてやられるのがおちだ。

兵士が十分なついていないのに、罰則ばかり適用したのでは、兵士は心服しない。心服しない者は使いにくい。逆に、すっかりなついているからといって、過失があっても罰しないなら、これまた使いこなせない。

したがって、兵士に対しては、温情をもって教育するとともに、軍律をもって統制をはからなければならない。

ふだんから軍律の徹底をはかっていれば、兵士はよろこんで命令に従う。逆に、ふだんから軍律の徹底を欠いていれば、兵士は命令に従わない。つまり、ふだんから軍律の徹底につとめてこそ、兵士の信頼を勝ちとることができるのである。

部下をどのように掌握するか

『孫子』が述べている内容をまとめてみると、つぎの4点に集約できる。

（1）数が問題ではなく、一致結束をはかることが肝要である。

(2) 罰の適用は慎重にしなければならないが、さればといって、必要なときにためらってもならない。
(3) 温情（文）と軍律（武）の両面が必要である。
(4) 軍律はふだんから徹底させておかなければならない。

軍目付を斬った司馬《しば》穰苴《じょうしょ》

斉《せい》は景公のとき、晋《しん》、燕《えん》の連合国に攻めこまれて、苦境に立たされた。このとき、斉軍の総司令官に抜擢されて連合軍を迎え撃ったのが司馬《しば》穰苴《じょうしょ》である。王の寵臣《ちょうしん》の荘賈《そうか》が軍目付として従軍することになった。穰苴は、景公に暇乞《いとまご》いしてから、荘賈と打ち合わせ、「明日正午、軍門でお会いしよう」と約束した。

翌日、穰苴はいち早く馬を駆って軍営にかけつけ、荘賈の到着を待った。が、約束の正午になっても姿を見せない。実は荘賈はこのころ見送りにきた親戚や側近の者たちと、のんびり送別の酒をくみかわしていたのである。穰苴は刻限がすぎると、営内にはいって部隊を閲兵点検し、

【司馬穰苴《しばじょうしょ》】 生没年不詳。中国・春秋時代の斉の将軍。斉の宰相晏嬰の推薦により登用され、景公に仕えて斉の繁栄に功績を挙げた。兵法書『司馬法』の著者

軍令を示達した。軍令が行き渡った頃は、すでに夕刻になっていた。そのころになって、やっと莊賈が駆けつけてきた。

「すまん、すまん。重臣や親戚どもが見送りにきたので、遅れ申した」

それを聞くと穰苴は、

「将たる者は、出陣の命を受けたその日には、身を忘れ家を忘れてこの一事にかけるもの。今、敵の侵略を受けて、兵卒は第一線で命を的に戦い、わが君も、ご心痛のあまり、寝食もままにならぬ有様。わが国人の運命は、ひとえに貴官の働きにかかっているというのに、送別の振舞い酒で遅れたといわれるのか」

というなり、軍法官を呼びよせて、ただした。

「軍法によれば、約束の刻限に遅れた者はいかなる罰に該当するか」

「ハッ、斬罪と定められております」

穰苴は、ただちに莊賈を斬り捨て、その旨、全軍に布告した。将兵はそのきびしさにみなふるえあがったという。

さて、いよいよ出陣である。軍中での穰苴は、兵卒の宿舎、井戸、カマド、飲食の世話をはじめ、病兵に対する手当のたぐいまで、みずから率先して事にあたった。将軍としての給与をそっくりさいて兵卒の食糧にあて、自分はといえば、兵卒のなかでも、いちばん虚弱な者と同じ量しか受けとらなかった。こうして三日後、軍を点検したところ、病兵までが出陣を願い、勇躍して穰苴のために戦いに赴いた。

晋、燕の連合軍は、この噂を聞いて、戦わずして撤退したという。

約束を守った孔明《こうめい》

諸葛《しょかつ》孔明は、自分の部下から「恐れられながら、同時に親しまれた」といわれる。これなど、部下の掌握術としては最高のレベルといってよい。どうしてそういうことが可能になったのか。**賞罰のけじめがはっきりしていて、その適用がすこぶる公平無私であった**からだという。

孔明については、また、こんな話も伝えられている。北征の軍をおこして祁山《きざん》に布陣したときのこと、兵十万のうち、二割を交替で帰国させ、

【諸葛孔明】↓29ページ参照

残りの八万で守りを固めることにした。ところが、敵が接近してこぜり合いがはじまると、味方の参謀のあいだに不安が生じた。かれらは口をそろえて進言した。

「このままでは危ない。帰国要員の交替を延期して兵員を確保しておきましょう」

すると孔明は、

「わしは兵士諸君に約束したことは必ず守ると誓ってきた。つぎの交替要員はすでに支度をととのえて、その日のくるのを待っている。また、国もとの妻子も首を長くしてかれらの帰還を楽しみにしている。**困難な情況に直面しているとはいえ、いったん約束したことは守らなければならない**」

こういって、予定通り交替要員の帰国を命じた。ところが、この話を伝え聞いた兵士たちは全員、帰国の延期を願い出、「命のかぎり戦って、諸葛公のご恩に報いようぞ」と誓い合ったという。

第10章

地《ち》形《けい》篇

――「地形」を掌握し、部下の統率に意を用いよ

地形篇のことば

＊敵を料《はか》りて勝ちを制し、険阨《けんめい》遠近を計《はか》るは、
上将の道なり

＊戦道必ず勝たば、
主は戦うなかれと曰《い》うとも必ず戦いて可なり

＊卒《そつ》を視《み》ること嬰児《えいじ》のごとし、
故にこれと深谿《しんけい》に赴くべし

＊兵を知る者は、動いて迷わず、挙げて窮せず

1 地形を利用した六種類の戦い方

孫子曰く、地形には、通なる者有り、挂なる者有り、支なる者有り、隘なる者有り、険なる者有り、遠なる者有り。我以って往《ゆ》くべく、彼以って来たるべきを通と曰《い》う。通なる形には、先ず高陽に居り、糧道を利して以って戦わば、則ち利あり。以《い》って往くべく、以って返り難きを挂と曰う。挂なる形には、敵に備えなければ出でてこれに勝ち、敵もし備えあれば出でて勝たず、以って返り難くして、不利なり。我出でて不利、彼も出でて不利なるを支と曰う。支なる形には、敵、我を利すといえども、我出ずることなかれ。引きてこれを去り、敵をして半ば出でしめてこれを撃つは利なり。隘なる形には、我先ずこれに居らば、必ずこれを盈《み》たして以って敵を待つ。もし敵先ずこれに居り、盈つれば而《すなわ》ち従うことなかれ。盈たざれば而ちこれに従え。険なる形には、我先ずこれに居らば、必ず高陽に居りて以って敵を待つ。もし敵先ずこれに居らば、引きてこれを去りて従うことなかれ。遠なる形には、勢い均《ひと》しければ以って戦いを挑み難く、戦わば而ち不利なり。およそこの六者は地の道なり。将の至任にして、察せざるべからず。

地形を大別すると、「通《つう》」「挂《かい》」「支《し》」「隘《あい》」「険《けん》」「遠《えん》」の六種類がある。

「通」とは、味方からも、敵からもともに進攻することのできる四方に通じている地形をいう。ここでは、先に南向きの高地を占拠し、補給線を確保すれば、有利に戦うことができる。

「挂」とは、進攻するのは容易であるが、撤退するのが困難な地形をいう。ここでは、敵が守りを固めていないときに出撃すれば勝利を収めることができるが、守りを固めていれば、出撃しても勝利は望めず、しかも撤退困難なので、苦戦を免れない。

「支」とは、味方にとっても敵にとっても、進攻すれば不利になる地形をいう。ここでは、敵の誘いに乗って出撃してはならない。いったん退却し、敵を誘い出してから反撃すれば、有利に戦うことができる。

「隘」すなわち入口のくびれた地形では、こちらが先に占拠したなら、入口を固めて敵を迎え撃てばよい。もし敵が先に占拠して入口を固めていたら、相手にしてはならない。敵に先をこされても、入口を固めていなかったら、攻撃をかけることだ。

「険」すなわち険阻な地形では、こちらが先に占拠したら、必ず南向きの高地に布陣して、敵を待つことだ。敵に先をこされたら、進攻を中止して撤退したほうがよい。

「遠」すなわち本国から遠く離れた所では、彼我の勢力が均衡している場合、戦いをしかけてはならない。そこでは、戦っても不利な戦いを余儀なくされる。

以上の六項目は、地形に応じた戦い方の原則であり、その選択は将たるものの重要な任務である。慎重に熟慮しなければならない。

情況としての地形

『孫子』は、さまざまな角度から地形を分析し、それぞれに適応した戦い方を詳説している。それだけ、当時の戦いでは、地形を掌握し、それを活用することが重要な意味を持っていたのである。

しかし、今日、われわれが『孫子』を読む場合、地形そのものはあまり意味を持たない。むしろ、地形を「抽象的な場」――つまり〝情況〟として読んだほうが、得るところが大きいかもしれない。

2 敗北を招く六つの状態

故に兵には、走なる者有り、弛なる者有り、陥なる者有り、崩なる者有り、乱なる者有り、北なる者有り。およそこの六者は、天の災《わざわい》にあらず、将の過《あやま》ちなり。それ勢い均しきとき、一を以って十を撃つを走と曰う。卒強くして吏弱きを弛と曰う。吏強くして卒弱きを陥と曰う。大吏怒りて服さず、敵に遇《あ》えば懟《うら》みて自ら戦い、将はその能を知らざるを崩と曰う。将弱くして厳ならず、教道も明かならずして、吏卒常なく、兵を陳《つら》ぬること縦横《じゅうおう》なるを乱と曰う。将、敵を料《はか》ること能《あた》わず、少を以って衆に合い、弱を以って強を撃ち、兵に選鋒《せんぽう》なきを北と曰う。およそこの六者は敗の道なり。将の至任にして、察せざるべからず。

軍は、「走《そう》」「弛《し》」「陥《かん》」「崩《ほう》」「乱《らん》」「北《ほく》」の状態におかれたとき、敗戦を招く。この六つは、いずれも不可抗力によるものではなく、あきらかに将たる者の過失によって生じる。

「走」――彼我の勢力が拮抗しているとき、一の力で十の敵と戦う羽目になった場合。

「弛」――兵卒が強くて軍幹部が弱い場合。

「陥」――軍幹部が強くて兵卒が弱い場合。

「崩」――将帥《しょうすい》と最高幹部の折合いが悪く、最高幹部が不平を抱いて命令に従わず、かってに敵と戦い、将帥もかれらの能力を認めていない場合。

「乱」――将帥が惰弱《だじゃく》できびしさに欠け、軍令も徹底せず、したがって将兵に統制がなく、戦闘配置もでたらめな場合。

「北」――将帥が敵情を把握することができず、劣勢な兵力で優勢な敵に当たり、弱兵で強力な敵と戦い、しかも自軍には中核となるべき精鋭部隊を欠いている場合。

以上六つの状態は、敗北を招く原因である。これは、いずれも将帥の重大な責任であるから、いやがうえにも慎重な配慮が望まれる。

四つの不和

『呉子』も、「団結がなければ戦うことができない」として、こう述べている。

「団結を乱す不和に、国の不和、軍の不和、部隊の不和、戦闘における不和の四つがある。国に団結がなければ、軍を出すべきではない。軍に団結がなければ、部隊を進めるべきでない。部隊に団結がなければ、戦いを挑むべきではない。戦闘にさいして団結がなければ、決戦に出るべきでない」（図国篇）

これはビジネスにおいても同じである。まとまりを欠いた組織に、激しい競争を勝ち抜く力は期待できない。

3
地形は兵の助けなり

それ地形は兵の助けなり。敵を料りて勝ちを制し、険夷《けんい》遠近を計《はか》るは、上将の道なり。これを知りて戦いを用うる者は必ず勝ち、これを知らずして戦いを用うる者は必ず敗る。故に戦道必ず勝たば、主は戦うなかれと曰うとも必ず戦いて可《か》なり。戦道勝たずんば、主は必ず戦えと曰うとも戦うなくして可なり。故に進んで名を求めず、退いて罪を避けず、ただ人をこれ保ちて而して利、主に合うは、国の宝なり。

地形は、勝利を勝ち取るための有力な補助的条件である。したがって、敵の動きを察知し、地形の険易（険しいかそうでないか）、遠近をにらみ合わせながら作戦計画を策定するのは、将帥の務めである。

これを知ったうえで戦う者は必ず勝利を収め、これを知らずに戦う者は必ず敗北を招く。それ故、必ず勝てるというみとおしがつけば、君主が反対しても、断固戦うべきである。逆に、勝てないというみとおしがつけば、君主が戦えと指示してきても、絶対に戦うべきでない。その結果として、将帥は、功績をあげても名誉を求めず、敗北しても責任を回避してはならぬ。ひたすら人民の安全を願い、君主の利益をはかるべきである。そうあってこそ、国の宝といえるのだ。

進んで名を求めず

『老子』に「あえて天下の先たらず、故によく器長《きちょう》となる」とあるのと近い考え方である。どういうわけか、昭和になってからの海軍の将帥たちは、「老荘思想」に親しみ、その影響を強く受けていたという。米内《よない》光政《みつまさ》のような、名利《みょうり》に恬淡《てんたん》たる人物が出てきたのは、そういうことが一つの背景になっていたように思われる。その米内が連合艦隊司令長官に就任したとき、記者団に抱負を聞かれて、「いっさいを部下まかせでボーッとしている。だいたい司令官というものは、むずかしいことはみな

【老荘思想】 中国・春秋戦国時代に生まれた思想。諸子百家の道家《どうか》の大家である老子と荘子の二人の考えを合わせたもので、虚無をもって宇宙の根源とし、無為をもって教義の極致とする。道教・禅仏教・神仙思想とも関わりが深い

部下にやってもらうものだよ」と答えたという。

退いて罪を避けず

米内と名コンビをうたわれた山本五十六《やまもといそろく》も、米内とはちがった意味で、なかなかの名将だった。連合艦隊司令長官として、ハワイ、マレー沖で大勝してもおごらず、功をみな部下にゆずった。また、ミッドウェイ海戦で、参謀の不手ぎわと前線指揮官の不用心で敗れたとき、参謀たちがしきりに、「陛下に申しわけがない」というと、「お上にはわたしがおわびする」と叱りつけ、責任を一人でかぶったという。

【山本五十六《やまもといそろく》】↓34ページ参照

4

卒《そつ》を視《み》ること嬰児《えいじ》のごとし

卒《そつ》を視《み》ること嬰児《えいじ》のごとし、故にこれと深谿《しんけい》に赴《おもむ》くべし。卒を視ること愛子のごとし、故にこれと倶《とも》に死すべし。厚くして使うこと能《あた》わず、愛して令すること能わず、乱れて治むること能わざれば、譬《たと》えば驕子《きょうし》のごとく、用うべからざるなり。

将帥にとって、兵士は赤ん坊と同じようなものである。そうあってこそ、兵士は深い谷底までも行動を共にするのだ。

将帥にとって、兵士はわが子と同じようなものである。そうあってこそ、兵士は喜んで生死を共にしようとするのだ。

部下を厚遇するだけで思いどおりに使えず、可愛がるだけで命令できず、軍規に触れても罰を加えることができなければ、どうなるか。わがまま息子を養っているようなもので、ものの役には立たなくなってしまう。

兵士の膿《うみ》を吸った呉起《ごき》

『孫子』とならぶ兵法書『呉子』を著した呉起も、兵士の統率については、なみなみでない神経を使って、かれらの心を得るようにつとめた。魏《ぎ》の将軍時代、かれはつねに最下級の兵士と同じものを着、同じものを食べ、寝るときも蓆《むしろ》を敷かず、行軍するときも車に乗らず、自分の食糧は自分で携帯するというように、兵士と労苦を分かち合ったという。

呉起については、また、こんな話も伝えられている。

一人の兵士ができものに苦しんでいたところ、呉起はみずから口を寄せて膿を吸い出してやった。兵士の母親は、それを伝え聞いて泣きくずれた。それを見たある男が、「おまえの息子は一介の兵卒にすぎないのに、将軍みずから膿を吸ってくださったのだぞ。それをどうして泣いたりなどするのか」とたずねたところ、母親はこう答えたという。

「そうではございません。じつは先年、呉起さまは、あの子の父親の膿を吸い出してくれました。その後、父親は出陣しましたが、呉起さまの

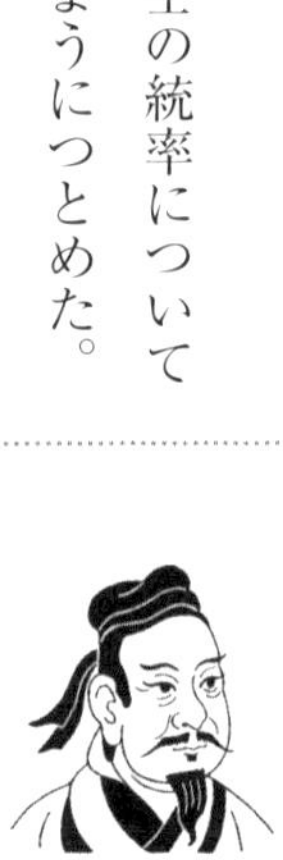

【呉起《ごき》】 紀元前四四〇頃～前三八一年。中国・戦国時代の軍人、政治家、兵法家。孫武、孫臏と並んで兵家の代表的人物とされる。衛《えい》の国に生まれたが、諸国を渡り歩き魯や魏に仕え最後は楚の宰相となった。楚を大国に押し上げたが、楚王の死後反対派によって殺害された。兵法書『呉子』の作者ともいわれる

恩義に報いようとして、あくまで敵に背を向けず、とうとう討死いたしました。聞けばこんどは、息子の膿を吸ってくださったとか。これであの子の運命もきまったようなもの。それで泣いているのでございます」

李《り》広《こう》と程《てい》不《ふ》識《しき》のちがい

李広と程不識はともに漢代の名将で、対匈奴《きょうど》戦争に活躍した人物であるが、こと部下の統率術となると、きわめて対照的であった。

李広のほうは、下賜《かし》された恩賞はそのまま部下に分け与え、飲食もつねに兵士と同じものをとり、しかも兵士全員にゆき渡るまでは、けっして手をつけようとしなかった。それだけに部下も心から李広を慕い、命令には喜んで服従した。

半面、李広の軍は、行軍中でも隊伍・陣形はばらばら。湖水や草地に出ると、兵士や馬を休ませて自由行動をとらせる。夜もそれほどきびしい警戒をしない。ただ、斥候《せっこう》（偵察の兵）だけは遠くまで出しておいたので、敵襲による損害を受けたことはなかった。

【李広《りこう》】 生年不詳～前一一九年。前漢の将軍。文帝・景帝・武帝に仕えた。武勇に優れ、特に射術の名手であった一方、匈奴からは「飛将軍」と恐れられた

【程不識《ていふしき》】 生没年不詳。前漢の将軍。李広と並び称される漢の名将。廉潔な人柄で自分に厳しく周囲にも厳格さを求めた

一方、程不識のほうは、軍の編成から隊伍《たいご》・陣形まで一糸乱れず、夜もきびしい警戒を怠らない。帳簿のたぐいも部下に命じて克明に記録させたので、兵士は息つくひまもなかった。二人のちがいについて、当の程不識自身がこう評したという。

「李広の軍律はゆるやかにすぎ、不意打ちを受けたらひとたまりもない。しかし、兵士はのびのびと行動し、李広のためなら喜んで死のうとする者ばかりだ。これに対し、わが軍は李広とちがって軍律はきびしいが、これまた攻撃を受けても、びくともしない」

李広方式と程不識方式をミックスさせて長短をおぎなえば、『孫子』のそれに近づくのかもしれない。

5

戦上手は行動を起こしてから迷うことがない

吾《わ》が卒の以って撃つべきを知るも、敵の撃つべからざるを知らざるは、勝の半ばなり。敵の撃つべきを知るも、吾が卒の以って撃つべからざるを知らざるは、勝の半ばなり。敵の撃つべきを知り、吾が卒の以って撃つべきを知るも、地形の以って戦うべからざるを知らざるは、勝の半ばなり。故に兵を知る者は、動いて迷わず、挙げて窮せず。故に曰く、彼を知り己れを知れば、勝、乃《すなわ》ち殆《あや》うからず。天を知りて地を知れば、勝、乃ち窮《きわ》まらず。

味方の兵士の実力を把握していても、敵の戦力の強大さを認識していなければ、勝敗の確率は五分五分である。

敵の戦力はそれほど強大なものではないと知っていても、味方の兵士の実力を把握していなければ、勝敗の確率はやはり五分五分である。

さらに、敵の戦力、味方の実力を十分に把握していても、地の利が悪いことに気づかなければ、これまた勝敗の確率は五分五分である。

戦上手は、敵味方、地形の三者を十分把握しているので、行動を起こしてから迷うことがなく、戦いが始まってから苦境に立たされることがない。

敵味方、双方の力量を正確に把握し、天の時と地の利を得て戦う者は、常に不敗である。

第11章

九《きゅう》地《ち》篇

——部下の「やる気」と集団の「力」を引き出す方法

九地篇のことば

＊呉人と越人と相悪《にく》むも、その舟を同じくして済《わた》り
風に遇うに当たりては、
その相救うや左右の手のごとし

＊これを亡地に投じて然《しか》る後に存し、
これを死地に陥れて然る後に生く

＊始めは処女のごとくにして、敵人、戸を開き、
後には脱兎《だつと》のごとくして、敵、拒《ふせ》ぐに及ばず

1 戦場に応じた九つの戦い方

孫子曰《いわ》く、兵を用いるの法に、散地《さんち》有り、軽地《けいち》有り、争地《そうち》有り、交地《こうち》有り、衢地《くち》有り、重地《ちょうち》有り、圮地《ひち》有り、囲地《いち》有り、死地《しち》有り。諸侯自らその地に戦うを散地となす。人の地に入りて深からざる者を軽地となす。我得れば則《すなわ》ち利あり、彼得るもまた利ある者を争地となす。我以って往《ゆ》くべく、彼以って来たるべき者を交地となす。諸侯の地三属し、先に至れば天下の衆を得べき者を衢地となす。人の地に入ること深く、城邑を背にすること多き者を重地となす。山林、険阻《けんそ》、沮沢《しょたく》、およそ行き難きの道を行く者を圮地となす。由《よ》りて入る所の者隘《せま》く、従《よ》りて帰る所の者迂《う》にして、彼寡《か》にして以って吾《わ》が衆を撃つべき者を囲地となす。疾《と》く戦えば則ち存し、疾く戦わざれば則ち亡《ほろ》ぶ者を死地となす。この故に散地には則ち戦うことなかれ。軽地には則ち止まることなかれ。争地には則ち攻むることなかれ。交地には則ち絶つことなかれ。衢地には則ち交《まじ》わりを合す。重地には則ち掠《かす》む。

圮地には則ち行く。囲地には則ち謀《はか》る。死地には則ち戦う。


戦争には、戦場となる地域の性格に応じた戦い方がある。

まず、戦場となる地域を分類すれば、「散地《さんち》」「軽地《けいち》」「争地《そうち》」「交地《こうち》」「衢地《くち》」「重地《ちょうち》」「圮地《ひち》」「囲地《いち》」「死地《しち》」の九種類に分けることができる。

「散地」とは、自国の領内で戦う場合、その戦場となる地域をいう。

「軽地」とは、他国に攻め入るが、まだそれほど深く進攻しない地域をいう。

「争地」とは、敵味方いずれにとっても、奪取すれば有利になる地域をいう。

「交地」とは、敵味方いずれにとっても、進攻可能な地域をいう。

「衢地」とは、諸外国と隣接し、先にそこを押さえた者が諸国の衆望を集めうる地域をいう。

「重地」とは、敵の領内深く進攻し、敵の城邑《じょうゆう》に囲まれた地域をいう。

「圮地」とは、山林、要害、沼沢など行軍の困難な地域をいう。

「囲地」とは、進攻路がせまく、撤退するのに迂回を必要とし、敵は小部隊で味方の大軍を破ることのできる地域をいう。

「死地」とは、速やかに勇戦しなければ生き残れない地域をいう。

以上、九種類の戦場については、それぞれ次の戦い方が望まれる。

「散地」――戦いを避けなければならない。

「軽地」――駐屯してはならない。

「争地」――敵に先をこされたら、攻撃してはならない。

「交地」――部隊間の連携を密にする。

「衢地」――外交交渉を重視する。

「重地」――現地調達を心がける。

「圮地」――速やかに通過する。

「囲地」――奇策を用いる。

「死地」――勇戦あるのみ。

2 先ずその愛する所を奪え

所謂古《いわゆるいにしえ》の善《よ》く兵を用うる者は、善く敵人をして前後相及ばず、衆寡相恃《たの》まず、貴賤相救わず、上下収めず、卒離れて、集まらず、兵合《がっ》して斉《ととの》わざらしむ。利に合して動き、利に合せずして止む。敢《あ》えて問う、敵衆整いて来たらんとす。これを待つこと若何《いかん》。曰く、先ずその愛する所を奪わば、則ち聴かん。兵の情は速やかなるを主とす。人の及ばざるに乗じ、虞《はか》らざるの道に由り、その戒《いまし》めざる所を攻むるなり。

むかしの戦上手は、敵を攪乱《かくらん》することに巧みであった。すなわち、敵の先鋒部隊と後衛部隊、主力部隊と支隊を切り離し、上官と部下、将校と兵士のあいだにくさびを打ちこみ、一丸となって戦えないようにしむけた。そして、有利とみれば戦い、不利とみればあえて戦わなかった。

では、敵が万全の態勢をととのえて攻め寄せてきたら、どうするか。

その場合は、機先を制して、敵の最も重視している所を奪取することだ。

そうすれば、思いのままに敵を振り回すことができる。

作戦の要諦は、何よりもまず迅速を旨とする。敵の隙に乗じ、思いもよらぬ道を通り、意表を突いて攻めることだ。

烏《う》巣《そう》の焼き打ち

三国時代の初め、当時、最大の軍閥であった袁紹《えんしょう》と新興勢力の曹操《そうそう》が北中国の覇権をかけて激突したのが「官渡《かんと》の戦い」（西暦二〇〇年）であるが、この戦いのターニング・ポイントとなったのが曹操による烏巣の焼き打ちだった。

この戦い、袁紹軍十万、曹操軍一万と、兵力比は圧倒的に袁紹の側が有利だった。事実曹操の側は時々戦術的な勝利を収めはしたものの、じりじりと守勢防御の状態に追いこまれ、戦線を維持するのがやっとの有

【袁紹《えんしょう》】 生年不詳～二〇二年。中国後漢末期の武将・政治家。一時は河北四州を支配するまでに勢力を拡大したが、志半ばで病死した

様となった。ところがこのとき、一人の投降者が現われて、袁紹側の内情をもたらし、曹操にこう語った。

「袁紹軍の輜重《しちょう》一万余台が烏巣のあたりに集積されていますが、さしてきびしい警戒をしておりません。奇襲部隊を編成して急襲し、その輜重を焼きはらえば、三日もたたずに相手を破ることができますぞ」

喜んだ曹操は、みずから歩兵、騎兵あわせて五千を率い、烏巣に急行した。兵士はみな敵の旗指物をさし、声を立てぬよう口に枚《ばい》（木の棒のようなもの）を含み、手に手に薪束をかかえ、馬の口をしばって、夜、間道を進んで行く。途中、敵兵に誰何《すいか》されたが、「御大将の命により、守りを固めに行くところでござる」と答えたところ、相手はまに受けてそれ以上追及しようとしない。

こうして烏巣にはいった曹操は、まず屯営を囲んでいっせいに火を放ち、敵の守備隊を大混乱におとしいれた。やがて空が白みはじめる。敵の指揮官淳于《じゅんう》瓊《けい》らは相手の兵力が少ないのに気づいて、屯営の外に撃って出た。曹操の軍はこれにどっと襲いかかり、屯営内に逃げこむとこ

【曹操】↓80ページ参照

【官渡《かんと》の戦い】中国・後漢末期の二〇〇年、官渡において曹操と袁紹が激突した戦い。兵力で劣る曹操軍が奇襲作戦で袁紹軍を破り、華北全土をほぼ平定、魏建国への地歩を固めた。「赤壁の戦い」「夷陵の戦い」と共に三国時代の流れを決定した重要な戦いと位置づけられている

ろを、さらに攻め立てた。

さて、烏巣襲撃の知らせは、ただちに袁紹の本営にもたらされた。だが、ここで、参謀たちの意見は二つに分かれる。一方が、「この隙に曹操の本営を急襲しよう。本営さえ落としてしまえば、曹操め、帰るに帰れなくなりますぞ」と主張すれば、他方は、「いや、烏巣の救援こそ先決。あそこがやられたら、つぎはわれらのやられる番ですぞ」と譲らない。どちらとも決めかねた袁紹は、結局、ごくわずかな兵力をさいて烏巣の救援に向かわせ、主力を本営攻略戦に投入した。が、相手の守りが堅くて攻め落とせない。

この間にも烏巣での激闘が続き、やがて、後ろから袁紹の救援部隊が迫ってきた。それを見て曹操の部下が、「後ろから敵が迫ってきます。兵力を割いてくいとめましょう」。いうやいなや、曹操が顔をまっ赤にして叱咤《しった》した。「かまうな。そんなもの、すぐ後ろにきてからでも遅くはないわい」

これを聞いて、兵士らはしゃにむに攻め立てる。かくて、ついに屯営を落とし、淳于瓊らを斬って捨てたうえ、積まれていた軍糧《ぐんりょう》器材をことごとく焼きはらった。救援軍は曹操軍の阿修羅《あしゅら》のような戦いぶりに恐れをなして、あえて近づこうとしなかったという。

輜重を失った袁紹軍はたちまち大混乱におちいった。そこを、すかさず曹操が攻めたてる。袁紹はわずか八百騎の手勢とともに本国めざして逃げ去った。

曹操が天下分け目の戦いに逆転勝利をつかんだのは、烏巣急襲作戦を成功させたところにあった。

袁紹の優柔不断に救われた面もないではないが、それにしても、この一戦に懸けた曹操の判断は、さすがである。

3 戦わざるを得ない状況

およそ客たるの道、深く入れば則ち専にして主人克《か》たず。饒野《じょうや》に掠《かす》めて三軍食足る。謹《つつし》み養いて労するなく、気を併《あわ》せ力を積む。兵を運《めぐ》らし計謀して測《はか》るべからざるをなす。これを往く所なきに投ずれば、死すとも且《か》つ北《に》げず。死いずくんぞ得ざらん。士人力を尽くさん。兵士、甚《はなは》だ陥れば則《すなわ》ち懼《おそ》れず。往く所なければ則ち固く、深く入れば則ち拘《こう》し、已《や》むを得ざれば則ち闘《たたか》う。この故に、その兵修めずして戒《いまし》め、求めずして得、約せずして親しみ、令せずして信なり。祥《しょう》を禁じ疑を去らば、死に至るまで之《ゆ》く所なし。吾が士、余財なきも貨を悪《にく》むにあらず、余命なきも寿《じゅ》を悪むにあらず。令発するの日、士卒の坐する者は涕《なみだ》襟を霑《うるお》し、偃臥《えんが》する者は涕頤《あご》に交わる。これを往く所なきに投ずれば諸劌《しょけい》の勇なり。

敵の領内深く進攻したときの作戦原則——

一、敵の領内深く進攻すれば、兵士は一致団結して事にあたるので、敵は対抗できない。

一、食糧は敵領内の沃野《よくや》から徴発する。これで全軍の食糧をまかなう。

一、たっぷり休養をとり、戦力を温存して鋭気を養う。

一、敵の思いもよらぬ作戦計画を立てて、存分にあばれ回る。

こうして軍を逃げ道のない戦場に投入すれば、兵士は逃げ出すことができぬから命がけで戦わざるをえない。

兵士というのは、絶体絶命の窮地に立たされると、かえって恐怖を忘れる。逃げ道のない状態に追いこまれると一致団結し、敵の領内深く入りこむと結束を固め、どうしようもない事態になると、必死になって戦うのだ。

したがって兵士は、指示しなくても自分たちでいましめ合い、要求しなくても死力を尽くし、軍紀で拘束しなくても団結し、命令しなくても信頼を裏切らなくなる。

こうなると、あとは迷信と謡言《ようげん》を禁じて疑惑の気持ちを生じさせなければ、死を賭して戦うであろう。

かくて兵士は、生命財産をかえりみず戦う。

かれらとて実は、財産は欲しいし、生命は惜しいのだ。出陣の命令が下ったときは、死を覚悟して、涙は頬を伝わり、襟《えり》をぬらしたはずである。

そのかれらが、いざ戦いとなったとき、専諸《せんしょ》や曹劌《そうけい》顔負けの働きをするのは、絶体絶命の窮地に立たされるからにほかならない。

曹操の自信

西暦一九八年、曹操は南陽郡に割拠していた張繡《ちょうしゅう》の討伐に乗り出し、穣《じょう》城にこれを包囲した。だが、張繡もさるもの、隣りの荊《けい》州に割拠していた劉表《りゅうひょう》に援軍を要請し、前後から挾撃態勢をつくって抵抗する。苦戦におちいった曹操は、やむなく引き揚げを決意するが、前には劉表の軍が行く手をさえぎり、後からは張繡の軍に追撃され、撤退は困難をきわめた。しかし、曹操は少しも動じない。このとき、遠征先の陣中から、都の許《きょ》で留守をあずかっていた家老の荀彧《じゅんいく》に親書をしたため、「敵の追

【張繡《ちょうしゅう》】生年不詳〜二〇七年。中国・後漢末期の武将。宛城を拠点に活躍。曹操と戦うも降伏し、その後は忠実に仕え多くの戦功を挙げた

撃にあって難渋しているが、心配はいらぬ。必ず破ってみせる」と、満々たる自信を示している。

さて曹操、どう難局を切り抜けたかというと、軍をまとめて山中の小道に逃げこみ、伏兵をおいて敵を誘いこんだのである。敵は得たりとばかり、全軍をあげて攻め寄せてきた。曹操は十分に誘いこんでから、弩《ど》のいっせい射撃をあびせた。浮き足立った敵に、こんどは四方からどっと伏兵が襲いかかった。敵は算を乱して敗走し、曹操は無事都に帰還することができたのである。

都に帰った曹操に、荀彧が、「それにしても危のうございましたな。よくぞご無事で……」と語りかけたところ、曹操は、「虜（敵）はわが帰師《きし》を遏《とど》め、而してわれと死地に戦う。われここをもって勝つことを知る」と答えたという。兵士を死地におけば、死力を尽くさせることができる――『孫子』の説くところ曹操も十分に承知していて、実戦に活用したのである。

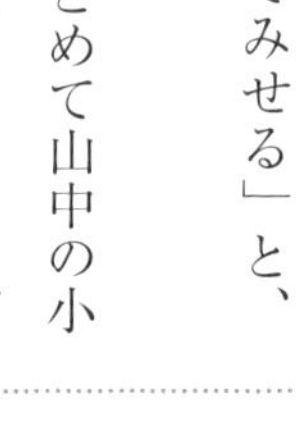

【劉表《りゅうひょう》】 一四二〜二〇八年。中国・後漢末期の政治家、儒学者。荊州刺史として長江中流域を支配し、知略と教養で優れた治世を実現、荊州の発展をもたらした。劉備を受け入れたことから、曹操と劉備の争いに巻き込まれ、後継問題を残して病死

4

呉越同舟《ごえつどうしゅう》の計

故に善《よ》く兵を用うる者は、譬《たと》えば率然《そつぜん》のごとし。率然とは常山の蛇なり。その首を撃てば則《すなわ》ち尾至り、その尾を撃てば則ち首至り、その中を撃てば則ち首尾倶《とも》に至る。敢《あ》えて問う、兵は率然のごとくならしむべきか。曰く、可なり。それ呉人《ごひと》と越人《えつひと》と相悪《にく》むも、その舟を同じくして済《わた》り風に遇うに当たりては、その相救うや左右の手のごとし。この故に馬を方《なら》べ輪《わ》を埋《う》むるも未《いま》だ恃《たの》むに足らず。勇を斉《ととの》えて一のごとくするは政の道なり。剛柔皆得るは地の理なり。故に善く兵を用うる者は、手を携《と》りて一人を使うがごとし。已むを得ざらしむればなり。

戦上手の戦い方は、たとえば「率然《そつぜん》」のようなものである。「率然」とは常山《じょうざん》の蛇のことだ。常山の蛇は、頭を打てば尾が襲いかかってくる。尾を打てば頭が襲いかかってくる。胴を打てば頭と尾が襲いかかってくる。

では、軍を常山の蛇のように動かすことができるのか。

もちろん、それは可能である。

呉と越とはもともと仇敵同士であるが、たまたま両国の人間が同じ舟に乗り合わせ、暴風にあって舟が危いとなれば、左右の手のように一致協力して助け合うはずだ。それには、馬をつなぎ、車を埋めて、陣固めするだけでは、十分ではない。全軍を打って一丸とするには、政治指導が必要である。勇者にも弱者にも、持てる力を発揮させるためには、地の利を得なければならない。戦上手は、あたかも一人の人間を動かすように、全軍を一つにまとめて自由自在に動かすことができる。それはほかでもない、そうならざるを得ないように仕向けるからである。

利害の対立を乗り越える

〝インフレ不況〟とか、〝円安不況〟をいいたてて、労働側の賃上げ攻勢を封じこむ資本側の戦略などもこれに近いといえるだろう。容れ物が危《あや》うくなれば、それに乗り合わせた者は、利害の対立を越えて協力せざるをえなくなるのである。

この戦略は、国家運営の場合にもよく使われる。内政に破綻が生じると、対外問題で危機感をあおりたて、国民の注意をそらして、国内危機を乗り切ろうとする。

5 絶体絶命の窮地に追いこんで死戦させよ

軍に将たるのことは静以って幽、正以って治。よく士率の耳目を愚にして、これをして知ることなからしむ。その事を易《か》え、その謀を革《あらた》めて、人をして識《し》ることなからしむ。その居を易え、その途を迂にして、人をして、慮《おもんぱか》ることを得ざらしむ。帥《ひき》いてこれと期するや、高きに登りてその梯《てい》を去るがごとし。帥いてこれと深く諸侯の地に入りて、その機を発するや、舟を焚《た》き釜を破りて、群羊を駆《か》るがごとし。駆られて往き、駆られて来たるも、之《ゆ》く所を知るなし。三軍の衆を聚《あつ》めてこれを険に投ずるは、これ軍に将たるの事と謂《い》うなり。九地の変、屈伸の利、人情の理、察せざるべからず。

軍を統率するにあたっては、あくまでも冷静かつ厳正な態度で臨まなければならない。兵士には作戦計画を知らせる必要はないのである。戦略戦術の変更についてはもちろん、軍の移動、迂回路の選択等についても、兵士にそのねらいを知られてはならない。

いったん任務を授けたら、二階にあげて梯子《はしご》をはずしてしまうように、退路を断ってしまうことだ。敵の領内に深く進攻したら、弦をはなれた矢のように進み、舟を焼き、釜をこわして、兵士に生還をあきらめさせ、羊を追うように存分に動かすことだ。しかも兵士には、どこへ向かっているのか、まったくわからない。

このように全軍を絶体絶命の窮地に追いこんで死戦させる――これが将帥《しょうすい》の任務である。

したがって、将帥は、九地の区別、進退の判断、人情の機微について、慎重に配慮しなければならない。

兵士は死地においてこそ強くなる

『孫子』はこの篇において、「兵士に死力をつくして戦わせるためには、死地に置くことだ」と、繰り返して説いている。その目は、恐ろしいまでに醒《さ》めているのである。

確かに、死を覚悟した人間は強い。『尉繚子《うつりょうし》』も、少しちがった角度からこう語っている。「刃物をふりかざして町中をあばれ回る男がいれば、人は、誰しも近づこうとはしない。だからといって、この男にだけ勇気があり、他の人間はみな腰抜けだと断定するわけにはゆかない。それはただ、死を覚悟した人間と、生に執着する者との相違を示しているだけのことである」（制談篇）。

ビジネスの場では、部下を死地においたり、死を覚悟させたりすることとは、許されない。しかし、疑似死地の状態をどうつくり出すかが、部下のやる気を引き出す一つの鍵だといえるかもしれない。

【尉繚子】↓20ページ参照

6 悪条件ならではの戦い方

およそ客たる道は、深ければ則ち専に、浅ければ則ち散ず。国を去り境を越えて師する者は、絶地《ぜっち》なり。四達する者は、衢地《くち》なり。入ること深き者は、重地《ちょうち》なり。入ること浅き者は、軽地《けいち》なり。固を背にし隘を前にする者は、囲地《いち》なり。往く所なき者は、死地《しち》なり。この故に散地には吾まさにその志を一にせんとす。軽地には吾まさにこれをして属せしめんとす。争地には吾まさにその後に趨《おもむ》かんとす。交地には吾まさにその守りを謹《つつし》まんとす。衢地には吾まさにその結びを固くせんとす。重地には吾まさにその食を継《つ》がんとす。圮地には吾まさにその塗《みち》を進まんとす。囲地には吾まさにその闕《けつ》を塞《ふさ》がんとす。死地には、吾まさにこれに示すに活《い》きざるを以ってせんとす。故に兵の情、囲まるれば則ち禦《ふせ》ぎ、已むを得ざれば則ち闘い、過ぐれば則ち従う。

敵の領内に進攻した場合、奥深く進攻すれば味方の団結は強まるが、それほど深く進攻しないときは、団結に乱れを生じやすい。

国境を越えて進攻するということは、すなわち孤立した状態で戦うことである。そして、同じ敵の領内でも、道が四方に通じている所が「衢地」、奥深く進攻した所が「重地」、それほど深く進攻しない所が「軽地」、後に要害、前に隘路をひかえ、進退ともに困難な所が「囲地」、逃げ場のない所が「死地」である。

では、そのような地で戦うには、どのような配慮が必要とされるのか。

「散地」では、兵士の心を一つにまとめて団結を固めなければならない。
「軽地」では、部隊間の連携を密接にしなければならない。
「争地」では、急いで敵の背後に回らなければならない。
「交地」では、自重して守りを固めなければならない。
「衢地」では、諸外国との同盟関係を固めなければならない。
「重地」では、軍糧《ぐんりょう》の調達をはからなければならない。
「圮地」では、迅速に通過することを考えなければならない。

「囲地」では、みずから逃げ道をふさいで、兵士に決死の覚悟を固めさせなければならない。

「死地」では、戦う以外に生きる道がないことを全軍に示さなければならない。

もともと兵士の心理は、包囲されれば抵抗し、ほかに方法がないとわかれば必死で戦い、いよいよせっぱつまれば上の命令に従うものである。

7

死地に陥《おとしい》れて然《しか》る後に生く

この故に諸侯の謀《はかりごと》を知らざる者は、予《あらかじ》め交わること能《あた》わず。山林、険阻《けんそ》、沮沢《しょたく》の形を知らざる者は、軍を行《や》ること能わず。郷導《きょうどう》を用いざる者は、地の利を得ること能わず。四五の者一を知らざれば、覇王の兵にあらざるなり。それ覇王の兵、大国を伐《う》たば、則ちその衆聚《あつ》まることを得ず。威、敵に加うれば、則ちその交わり、合することを得ず。この故に天下の交わりを争わず、天下の権を養わず、己れの私を信《の》べ、威、敵に加わる。故にその城は抜くべく、その国は堕《やぶ》るべし。無法の賞を施し、無政の令を懸《か》け、三軍の衆を犯すこと一人を使うがごとし。これを犯すに事を以ってし、告ぐるに言を以ってすることなかれ。これを犯すに利を以ってし、告ぐるに害を以ってすることなかれ。これを亡地《ぼうち》に投じて然る後に存し、これを死地に陥れて然る後に生く。それ衆は害に陥れて、然る後によく勝敗をなす。

諸外国の出方を読みとっておかなければ、前もって外交方針を決定することができない。山林、険阻、沼沢などの地形を把握していなければ、軍を進攻させることができない。道案内を使わなければ、地の利を占めることができない。

これらのうち一つでも欠けば、もはや天下を制圧する覇王の軍とはいえないのである。

このような覇王の軍がひとたび攻撃を加えれば、いかなる大国といえども、軍を動員するいとまもない状態に追いこまれるであろう。また、威圧を加えるだけで、相手国は外交関係の孤立を招くであろう。したがって、外交関係に腐心し、同盟国の援助をあてにするまでもなく、思いのままに相手を圧倒し、城を取り、国を破ることができるのである。

ときには兵士に規定外の報奨金を与えたり、常識はずれの命令を下したりすることも考えられてよい。そうすれば、あたかも一人の人間を使うように全軍を動かすことができる。

兵士に任務を与えるさいには、説明は不必要である。有利な面だけを告げて、不利な面は伏せておかなければならない。
絶体絶命の窮地に追いこみ、死地に投入してこそ、はじめて活路が開ける。
兵士というのは、危険な状態におかれてこそ、はじめて死力を尽くして戦うものだ。

韓信《かんしん》の背水の陣

漢の高祖に仕え、用兵の天才とうたわれた武将に、韓信《かんしん》という人物がいた。若いころ、町のならず者にからまれて「股くぐり」をさせられ、〝ならぬ堪忍するが堪忍〟の好例として、しばしば引き合いに出されるあの人物である。その韓信が高祖の命を受けて趙《ちょう》を攻めたときのことである。韓信の率いる部隊はわずかに一万。これに対して趙の軍は二十万。しかも相手は要害の地に堅固な砦をきずいて待ちかまえている。尋常な攻め方では、万に一つの勝ち目もない。

　韓信は、いよいよ総攻撃というまえの晩、まず二千の軽騎を選抜して、漢の旗印である赤旗を一本ずつ持たせ、「よいか、明日の戦いでは、い

【韓信《かんしん》】生年不詳～紀元前一九六年。中国・秦末～前漢初期の名将。劉邦に仕え、斉王・楚王に封じられる。卓越した戦略家で、「背水の陣」などの奇策を用いて数々の戦いで勝利し、漢の天下統一に大きく貢献。戦後、

つわって敗走する。敵は砦を空にしてわれらを追撃するはずじゃ。おまえたちはその隙に砦を占領して赤旗をおし立てるがよい」といいふくめ、砦近くの山かげにひそませた。そして本隊も、その夜のうちに移動させ、砦の前面を流れている河を背にして布陣させた。

こうして夜が明けた。砦の敵は河を背にした漢軍の布陣を見て、手をたたいて笑った。兵法を知らぬというわけである。韓信は、いっさいかまわず、一隊を率いて攻撃をかけた。が、いいかげん戦ったと見るや、さっと軍をひいて味方の陣に逃げこむ。敵は、してやったりと追撃に移り、砦を空にして攻め寄せてきた。ここで「背水の陣」の威力がいかんなく発揮される。なにしろ、漢軍の兵士は退《さ》がるに退がれないから、死にもの狂いで戦わざるを得ない。もののみごとに、敵の大軍を押し返してしまった。敵はやむなく砦に逃げ帰ろうとしたが、砦はすでに漢軍の別動隊に占領され、帰るに帰れない。そこへとって返した韓信の軍が襲いかかり、さんざんに蹴散らした。

戦い終わってから、漢軍の参謀が、「水を背にして戦うとは聞いたこ

功績を恐れられ処刑されたが、兵法の大家として後世に語り継がれる

ともありませんが、これはいったい、いかなる戦術なのですか」と聞いたところ、韓信はこう答えたという。

「いや、兵法にも、**兵は死地におとしいれてはじめて生きる**、とあるではないか。それをちょっと応用したのが、この背水の陣じゃ。なにしろわが軍は寄せ集めの軍勢。これを生地においたら、たちまちバラバラになってしまう。だから、死地においたままでのことさ」

韓信の「背水の陣」も、『孫子』の兵法の応用だったのである。

8

始めは処女のごとく、後には脱兎《だつと》のごとし

故に兵をなす事は、敵の意に順詳《じゅんしょう》し、敵を一向に并《あわ》せて、千里に将を殺すに在り。これを巧みによく事を成す者と謂《い》うなり。この故に政挙《あ》がるの日、関を夷《とど》め符《ふ》を折りて、その使を通ずることなく、廊廟の上に厲《はげ》まし、以ってその事を誅《せ》む。敵人開闔《かいこう》すれば必ず亟《すみや》かにこれに入り、その愛する所を先にして微《ひそ》かにこれと期《き》し、践墨《せんぼく》して敵に随《したが》い、以って戦事を決す。この故に始めは処女のごとくにして、敵人、戸を開き、後には脱兎のごとくして、敵、拒《ふせ》ぐに及ばず。

作戦行動の要諦は、わざと敵のねらいに、はまったふりをしながら、機をとらえて兵力を集中し、敵の一点に向けることである。そうすれば、千里の遠方に軍を送っても、敵の将軍を虜にすることができる。これこそ、まことの戦上手というべきである。

いよいよ開戦というときには、まず関所を閉鎖して通行証を廃棄し、使者の往来を禁ずるとともに、廟堂では、軍議をこらして作戦計画を決定する。もし敵につけ入る隙があれば、すみやかに進攻し、あくまでも隠密裡に、敵の最も重視している所に先制攻撃をかける。そして、敵の出方に応じて随時、作戦計画に修正を加えていく。

要するに、最初は処女のように振る舞って敵の油断を誘うことだ。そこを脱兎のごとき勢いで攻め立てれば、敵はどう頑張ったところで防ぎ切ることはできない。

斉の将軍田単《でんたん》の用兵

「始めは処女のごとく、終わりは脱兎《だっと》のごとし」ということばの出典が、『孫子』のこの部分である。本文の記述でも明らかなように、「処女のごとし」といっても、たんに神妙にしていることではない。それどころか、表面の神妙さとは逆に、その裏には海千山千《うみせんやません》の手練手管《てれんてくだ》を秘めている。

ただ、それは表面から処女のようにしか見えないというだけのことである。したがって、『孫子』のいう「処女のごとし」とは、中国人の得意とする権謀術数《けんぼうじゅっすう》の極致であるともいえる。

『史記』の作者司馬遷は、このことばを斉《せい》の将軍田単《でんたん》におくって、その用兵をつぎのようにたたえている。

「戦争というのは、**正攻法で敵と相対し、奇策をもって勝ちを収める**ものだ。したがって戦上手は次々と奇策をあみだし、**奇策と正攻法を円環さながらに組み合わせて戦う**。始めは処女のように振る舞って敵の油断を誘い、後には脱兎のように襲いかかって敵に守る余裕を与えないとは、田単のことを言ったものであろうか」（『史記』田単列伝）

では、田単の用兵とは、どのようなものだったのか。

前二八四年、斉の国は、燕の将軍楽毅《がくき》の率いる軍に攻めこまれ、ほとんど全土を制圧されて、わずかに莒《きょ》と即墨《そくぼく》の二城で持ちこたえていた。このとき、即墨の司令官に推されたのが田単である。はじめ、かれは敵の大軍をまえにじっと籠城して動かず、しきりに間者《かんじゃ》を放って敵の切り

【田単《でんたん》】生没年不詳。中国・戦国時代の斉の武将。燕軍に占領された即墨《そくぼく》の城を守り抜き、「火牛《かぎゅう》の計」で大勝利を収め、斉の再興に貢献。智謀に優れ、民心を巧みに摑む統治能力でも知られる。窮地で発揮した機知と愛国心により、名将の象徴的存在となる

くずしにかかった。

たまたまこのころ、燕では名君の昭《しょう》王が死去してその子の恵《けい》王が王位についた。恵王は太子のころから将軍の楽毅とは不仲が伝えられていた。田単はすかさず燕の本国に間者を潜入させて、「楽毅が異心を抱いている」とのデマを広めさせた。まに受けた恵王は楽毅を解任した。楽毅は燕軍きっての名将で、兵士の信頼も厚かった。燕軍の兵士たちは、この知らせを聞いて泣いてくやしがったという。

さらに田単は、燕軍のなかに間者を放ち、「城内の斉軍は、敵に先祖の墓をあばかれはしまいかと、そのことばかり心配している」との噂を流させた。まに受けた燕軍は城外の墓という墓をことごとくあばいた。これを望見した城内の人々は、老いも若きも、「おのれ、燕軍め」と敵に対する憎しみをあらたにし、復讐を誓い合ったという。

こうして、相手の内部離間をはかり、味方の士気を高めることに成功した田単は、総攻撃をかけるまえに、降服を申し入れ、さらにもう一つダメを押した。すなわち、城内の金を残らずかき集め、それを即墨の富

【楽毅《がくき》】生没年不詳。中国・戦国時代の燕の武将。斉討伐の総大将として連合軍を率い、大勝利を収めて斉の七十余城を占領。公平で謙虚な人柄と優れた戦略で高い評価を受けたが、燕王の疑心により失脚。その後、趙に亡命し重用された。忠義と智謀を兼ね備えた名将として、中国史に名を残す

豪を通じて燕の将軍たちに贈らせ、こういわせたのである。「もし即墨が降服しましても、われら一族の安全を保証してくださるようお願いします」。燕の将軍たちは喜んで承諾し、すっかり警戒心を解いてしまった。

処女のように装いながらこれだけの準備工作をすませた田単は、頃はよしと、「火牛《かぎゅう》」(尾に火をつけた牛)の大群を先頭にどっと城外に討って出た。不意をつかれた燕軍は総くずれとなって敗走したのである。

第12章

火《か》攻《こう》篇

——冷徹に「戦争目的」を達成すべし

火攻篇のことば

＊利にあらざれば動かず、得るにあらざれば用いず、危きにあらざれば戦わず

＊主は怒りを以って師を興すべからず、将は慍りを以って戦いを致すべからず

＊利に合して動き、利に合せずして止む

1 火攻めの五つのねらい

孫子曰く、およそ火攻に五あり。一に曰く、人を火《や》く、二に曰く、積《し》を火く、三に曰く、輜《し》を火く、四に曰く、庫《こ》を火く、五に曰く、隊《たい》を火く。火を行なうには必ず因あり。煙火は必ず素《もと》より具《そな》う。火を発するに時あり、火を起こすに日あり。時とは天の燥《かわ》けるなり。日とは月の箕、壁、翼、軫に在るなり。およそこの四宿は風起こるの日なり。

火攻めには、次の五つのねらいがある。
一、人馬を焼く
二、軍糧を焼く
三、輜《し》重《ちょう》（輸送物資）を焼く
四、倉庫を焼く

五、屯営を焼く

いずれの場合でも、火攻めを行なうには、一定の条件が満たされなければならない。また、発火器具などもあらかじめ備えつけておかなければならない。

火攻めには、決行に適した時期というものがある。すなわち、空気が乾燥し、月が箕《き》、壁《へき》、翼《よく》、軫《しん》（いずれも星座の名）にかかるときこそ、まさにそのときだ。なぜなら、月がこれらの星座にかかるときには、必ず風が吹き起こるからである。

赤壁《せきへき》の戦い

中国戦史で、「火攻め」で最も劇的な成功を収めたのが「赤壁の戦い」（西暦二〇八年）である。このときは常勝の曹操《そうそう》が大敗北を喫している。「官渡の戦い」で北中国に覇権を確立した曹操は、八年後、南征の軍をおこして江東の地に割拠する孫権《そんけん》に戦いを挑んだ。孫権さえ降《くだ》せば、天下の統一は成ったも同然である。曹操の軍は大艦隊を連ねて長江（揚子

【赤壁《せきへき》の戦い】 中国・後漢末期の二〇八年、長江の赤壁において曹操軍と孫権・劉備連合軍が激突した戦い。曹操の大軍に対し、火攻めを用いた連合軍の勝利が、三国時代の形成を決定づけた

江）の流れを下る。その数二十四、五万。これに対し、孫権は断固抗戦の決意を固め、宿将の周瑜《しゅうゆ》に三万の水軍をさずけて迎え撃たせた。これに劉備《りゅうび》の軍二万が合流し、その数合わせて五万。

周瑜の軍団は長江をさかのぼり、赤壁で曹操の軍と遭遇した。曹操の大艦隊は北岸に停泊し、周瑜の軍団は南岸に舫《もや》いして、たがいに相手の出方を窺う。このとき、部将の黄蓋《こうがい》が周瑜に進言した。

「今、敵は多勢、味方は無勢、持久戦ともなれば勝ち目はありません。しかしながら、敵艦のさまを見やれば、へさき（船首）と、とも（船尾）が接続しております。焼き打ちの計こそ上策でござる」

曹操軍の兵士は、北方育ちで艦船には不慣れであったので、艦と艦をつないで横揺れを防いでいたのである。黄蓋の献策に「よし」とうなずいた周瑜は、さっそく快速戦艦十隻を用意させ、その上にびっしりと枯れ草を積みこんで油をかけ、幔幕で隠して旗指物を立てた。戦艦のともには、脱出用のはしけをつなぐ。黄蓋はあらかじめ曹操に書状を送って、わざと降服を申し入れた。

【曹操】↓80ページ参照
【孫権】↓145ページ参照

【周瑜《しゅうゆ》】一七五～二一〇年。中国・後漢末期の呉の武将。孫策に仕え、後に孫権の重臣となる。「赤壁の戦い」で曹操軍を撃破し、呉の基盤を固めた。短命ながら、呉の隆盛に大きく寄与し、三国時代の礎を築いた

さて、『孫子』にもあるように、焼き打ちを成功させるには風が必要である。『三国志演義』によれば、このとき、劉備の軍師諸葛孔明《しょかつこうめい》は丘の上に七星壇をまつり、「風よ吹け」と天に祈ったとあるが、真偽は定かでない。しかし、周瑜以下諸将の気持ちはまさにそうだった。

かれらの願いが天に通じたのか、翌朝、東南の風が長江の水面を吹きわたった。黄蓋はただちに進発を命じ、全艦一団となって北をめざした。曹操軍の将兵は、一人残らず首をのばして見物し、「みろ、黄蓋が降服してくるぞ」と、いい合った。

あと数百メートルに迫ったと見るや、黄蓋の艦船がいっせいに火を吹き、折からの風にあおられ、火だるまとなって突っこんでいく。アッというまに水上の艦船を焼きつくし、火は岸の陣屋に燃えひろがる。燃えあがる炎は空をこがし、人も馬も焼死するもの、溺死するもの、おびただしい数にのぼった。周瑜らが軽装備の精鋭部隊を率いてそのあとに続き、どっと襲いかかる。曹操の軍は総くずれとなって敗走し、かれ自身も命からがら逃げ帰ったのである。

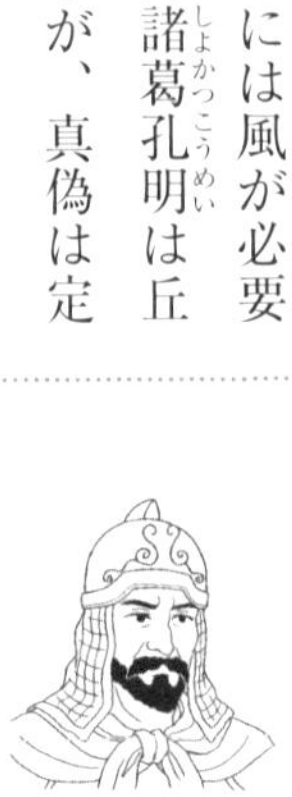

【黄蓋《こうがい》】生没年不詳。中国・後漢末期の呉の武将。孫堅、孫策、孫権の三代に仕え、忠義と勇猛で知られる。「赤壁の戦い」で、魏の曹操軍を大敗させる一因を担った。質素な生活を好み、部下を公平に扱う人柄で、民衆にも慕われた

【劉備《りゅうび》】↓144ページ参照

【諸葛孔明】↓29ページ参照

2 臨機応変の運用

およそ火攻めは、必ず五火の変に因りてこれに応ず。火、内に発すれば、則ち早くこれに外に応ず。火発してその兵静かなるは、待ちて攻むることなかれ。その火力を極め、従うべくしてこれに従い、従うべからずして止《や》む。火、外に発すべくんば、内に待つことなく、時を以ってこれを発せよ。火、上風に発すれば、下風を攻むることなかれ。昼風は久しく、夜風は止む。およそ軍は必ず五火の変あるを知り、数を以ってこれを守る。

火攻めにさいしては、そのときどきの情況に応じて臨機応変の処置をとらなければならない。

敵陣に火の手があがったときは、外側から素早く呼応して攻撃をかける。

火の手があがっても敵陣が静まりかえっているときは、攻撃をみ合わせてそのまま待機し、火勢を見きわめたうえで、攻撃すべきかどうか判断する。

敵陣の外側から火を放つことが可能なときは、敵の内応を待つまでもなく、好機をとらえて火を放つ。

風上に火の手があがったときは、風下から攻撃をかけてはならない。

昼間の風は持続するが、夜の風はすぐに止む。このことにも十分な留意が望まれる。

戦争を行なうには、火攻めの方法を把握したうえで、以上の条件に応じてそれを活用することが大切である。

3 攻撃手段としての火攻めと水攻め

故に火を以って攻を佐《たす》くる者は明《めい》なり。水を以って攻を佐くる者は強《きょう》なり。水は以って絶《た》つべく、以って奪うべからず。

火攻めは、水攻めとともに、きわめて有効な攻撃手段である。だが、水攻めは、火攻めとちがって、敵の補給を絶つだけにとどまり、敵がすでに蓄えている物資に損害を与えるまでには至らない。

韓信《かんしん》の水攻め

中国の戦史には火攻めの例は多いが、水を積極的に利用した水攻めの例はあまりない。

「水」といっても、中国の場合は、日本とはスケールがちがうので、おいそれとは利用できなかったのかもしれない。ここでは、漢の韓信の例をあげておこう。

韓信が斉《せい》の国を討ったとき、竜且《りゅうしょ》という将軍がこれを迎え討ち、濰水《いすい》（川の名）をはさんで対陣した。一計を案じた韓信は、部下に命じて一万余の砂袋をつくらせて砂を満たし、夜、ひそかに濰水の上流をせきとめさせた。そして、みずから軍の半数を率いて水の引いた川原を渡り、竜且の軍に攻撃をかけ、いいかげん戦ったところで、わざと敗《ま》けたふりをしてさっとひきあげる。これを見て竜且は、「者ども、続け！」とばかり、陣地をとび出して追撃、韓信のあとを追って濰水を渡ろうとした。このときを待っていた韓信は、せきとめていた水をどっと決壊させる。水は、すさまじい奔流となってあふれ、竜且の軍の大半をのみこんだ。

【韓信】↓236ページ参照

【竜且《りゅうしょ》】 生年不詳～紀元前二〇三年。楚漢戦争時代の楚の将軍。項羽に信任され戦功を挙げる。剛勇で知られ「彭城《ほうじょう》の戦い」で楚軍の勝利に貢献。しかし、「濰水《いすい》の戦い」において漢の上将韓信に敗れ戦死した

4 利に合《がっ》して動き、利に合せずして止《や》む

それ戦勝攻取してその功を修めざるは凶なり。命《な》づけて費留《ひりゅう》と曰《い》う。故に曰《いわ》く、明主はこれを慮《おもんぱか》り、良将はこれを修む。利にあらざれば動かず、得るにあらざれば用いず、危きにあらざれば戦わず。主は怒りを以って師を興すべからず、将は慍《いきどお》りを以って戦いを致すべからず。利に合して動き、利に合せずして止む。怒りは以って復《ま》た喜ぶべく、慍りは以って復た悦《よろこ》ぶべきも、亡国は以って復た存すべからず、死者は以って復た生くべからず。故に明主はこれを慎み、良将はこれを警《いまし》む。これ国を安んじ軍を全《まっと》うするの道なり。

敵を攻め破り、敵城を奪取しても、戦争目的を達成できなければ、結果は失敗である。これを「費留《ひりゅう》」——骨折り損のくたびれ儲けという。

それ故、名君名将はつねに慎重な態度で戦争目的の達成につとめる。かれ

らは、有利な情況、必勝の態勢でなければ、作戦行動を起こさず、万やむをえざる場合でなければ、軍事行動に乗り出さない。およそ王たる者、将たる者は怒りにまかせて軍事行動を起こしてはならぬ。情況が有利であれば行動を起こし、不利とみたら中止すべきである。怒りは、ときがたてば喜びにも変わるだろう。だが、国は亡《ほろ》んでしまえばそれでおしまいであり、人は死んでしまえば二度と生きかえらないのだ。それ故、名君名将はいやがうえにも慎重な態度で戦争に臨む。そうあってこそ、国の安全が保障され、軍の威力が発揮されるのである。

怒りのコントロール

怒りは人間行動における重要なモチーフの一つである。根底に怒りを秘めていればこそ、行動に迫力が生じてくるともいえよう。しかしむき出しの怒りは往々にして墓穴を掘る。前後のみさかいもなく直線的に行動へ突っ走るからである。それでも個人の場合はまだいい。組織をあずかっている場合、そのマイナスは全員に及ぶ。リーダーの重要な欠格条項といってよい。怒りはコントロールされたものであってこそ、力を発揮する。

兵法書の『尉繚子《うつりょうし》』にも、こうある。

「戦争は国家の大事であるから、一時の感情にまかせて突っ走ることは、厳に慎まなければならない。冷静に状況を判断し、勝算ありと見極めれば起ち、われに利あらずと見れば退く心構えが肝要である」（兵談篇）

劉備の失敗

『三国志』の主人公の一人である劉備には、関羽《かんう》、張飛《ちょうひ》の二人の豪傑がいつもつき従い、陰に陽に劉備をもり立てた。この三人の仲は、たんなる主従関係ではなく、より深い人間的な絆《きずな》で結ばれていたらしい。『三国志演義』では、桃園で義兄弟のちぎりを結んだということになっているし、正史の『三国志』でも、義兄弟ということばこそ使っていないが、「主従というよりは、兄弟のようであった」と記している。

さて、後に劉備が蜀漢《しょくかん》を建国して皇帝の位についたとき、関羽は荊《けい》

【尉繚子】↓20ページ参照

【劉備】↓144ページ参照

【関羽】↓144ページ参照

【張飛《ちょうひ》】生年不詳～二二一年。中国・後漢末期～蜀の将軍で、劉備の義弟。豪胆で武勇に優れたが、粗暴な一面もあり、部下への厳しさが仇となり暗殺された

州《しゅう》の地をまかされていた。荊州は、魏、呉の両国と境を接し、蜀にとっては攻守の要ともいうべき要衝の地である。ところが関羽は剛勇の士であったが、政治性に欠けていた。呉の孫権《そんけん》の謀略にはめられてみずからの命を失ったばかりでなく、荊州まで奪われてしまう。この知らせを聞いて頭にきたのが劉備である。荊州を奪われたことよりも、兄弟同然の関羽が殺されたことに怒ったのである。かれは、怒りにまかせて、すぐさま孫権討伐の軍をおこそうとした。が、これには蜀の臣下がこぞって反対した。なぜなら、魏を打倒して漢王朝を再興するというのが蜀の国是であって、この国是から見ると、孫権を討って関羽の恨みを晴らしたいという劉備の気持ちは、私情以外のなにものでもなかったからである。しかし、劉備は、群臣の反対を押し切って討伐の軍をおこし、あえなく大敗を喫してしまう。

この敗戦によって蜀は大きな痛手を受け、劉備自身も心労がかさなって死期を早めることになった。劉備の失敗は、個人的感情によって軍事行動に乗り出したところにあったといえよう。

【孫権】↓145ページ参照

第13章

用《よう》間《かん》篇

——「情報収集」「謀略活動」に力を入れよ

用間篇のことば

＊爵禄《しゃくろく》百金を愛《お》しみて敵の情を知らざる者は、不仁の至りなり

＊明君賢将の動きて人に勝ち、成功、衆に出ずる所以《ゆえん》のものは、先知なり

＊聖智にあらざれば間を用うること能わず。仁義にあらざれば間を使うこと能わず

1 敵の情を知らざる者は不仁の至りなり

孫子曰《いわ》く、およそ師を興すこと十万、出征すること千里なれば、百姓の費《ついえ》、公家の奉、日に千金を費《ついや》し、内外騒動し、道路に怠り、事を操《と》り得ざる者七十万家。相守ること数年、以って一日の勝を争う。而《しか》るに爵禄《しやくろく》百金を愛《おし》みて敵の情を知らざる者は、不仁の至りなり。人の将にあらざるなり。主の佐にあらざるなり。勝の主にあらざるなり。故に明君賢将の動きて人に勝ち、成功、衆に出ずる所以《ゆえん》のものは、先知なり。先知は、鬼神に取るべからず。事に象《かたど》るべからず、度《ど》に験《けみ》すべからず。必ず人に取りて敵の情を知る者なり。

十万もの大軍を動員して千里のかなたまで遠征すれば、政府ならびに国民は、一日に千金もの戦費を負担しなければならない。こうなると、国中があげて戦争に巻きこまれる。人民は牛馬のように戦争にかり出され、耕作

を放棄せざるをえなくなる農家が七十万戸にも達するであろう。

こうして戦争は数年も続く。しかも、最後の勝利はたった一日で決するのである。それなのに、爵禄《しやくろく》や金銭を出し惜しんで、敵側の情報収集を怠るのは、バカげた話だ。これでは、将帥として資格がないし、君主の補佐役もつとまるまい。また、勝利を収めることもかなうまい。

明君賢将が、戦えば必ず敵を破ってはなばなしい成功を収めるのは、相手に先んじて敵情をさぐり出すからである。しかもかれらは、神に祈ったり、経験にたよったり、星を占ったりして敵情をさぐり出すわけではない。あくまでも人間を使ってさぐり出すのである。

はじめた以上は「冷徹に」勝たねばならない

用間《ようかん》の「間」とは、すなわちスパイである。したがって用間とは諜報活動、謀略活動を指している。スパイとか謀略活動というと、とかく陰惨なイメージがつきまとい、あまり好感をもっては迎えられない。しかし『孫子』はその重要性を認め「爵禄百金を愛みて敵の情を知らざる者は不仁の至りなり」と断言する。

すでに見てきたように、『孫子』は、「戦争はやむなく行なうものであるが、はじめたら勝たなければならない」「勝つためには敵を知り己れを知らなければならない」と考える。そういう『孫子』からすれば、間者の働きを否定するのは「不仁の至り」であり、感傷以外のなにものでもない。

戦争指導者としての冷徹な眼がここにも光っているのである。

2 五種類の間者

故に間を用うるに五あり。郷間《きょうかん》あり、内間《ないかん》あり、反間《はんかん》あり、死間《しかん》あり、生間《せいかん》あり。五間倶《とも》に起こりて、その道を知ることなし。これを神紀《しんき》と謂《い》う。人君の宝なり。郷間とは、その郷人に因《よ》りてこれを用うるなり。内間とは、その官人に因りてこれを用うるなり。反間とは、その敵の間に因りてこれを用うるなり。死間とは、誑事《きょうじ》を外になし、吾が間をしてこれを知らしめて、敵に伝うるの間なり。生間とは、反《かえ》り報ずるなり。

敵の情報をさぐり出すのは間者の働きによるが、間者には五種類の間者がある。すなわち、郷間《きょうかん》、内間《ないかん》、反間《はんかん》、死間《しかん》、生間《せいかん》である。これらの間者を、敵に気づかれないように使いこなすのは最高の技術であって、君主たる者の宝とすべきことだ。

さて、次に五種類の間者について説明しよう。

郷間――敵国の領民を使って情報を集める。
内間――敵国の役人を買収して情報を集める。
反間――敵の間者を手なずけて逆用する。
死間――死を覚悟のうえで敵国に潜入し、ニセの情報を流す。
生間――敵国から生還して情報をもたらす。

始皇帝の間者たち

秦の始皇帝ははじめて中国全土を統一した皇帝として知られている。かれが対抗する六カ国を次々に滅ぼして天下の統一に成功したのは、当時、最強を誇った始皇帝軍団の働きによるものであったが、その陰に間者《かんじゃ》たちの活躍があったことは、あまり知られていない。

当時、秦ほど間者の働きを重視した国はないのである。三つほど例をあげてみよう。

【始《し》皇帝《こうてい》】紀元前二五九～前二一〇年。中国を初めて統一した秦の第一世皇帝。中央集権体制を築き、万里の長城建設や度量衡統一を推進、焚書坑儒など思想統制も行った

《その1》魏の将軍に信陵《しんりょう》君という人物がいた。安釐《あんき》王の異母弟で王族の一員であったが、国際政治家としてもすぐれた技量の持ち主で、五カ国の連合軍を結集して秦軍を破り、秦の勢力を函谷関《かんこくかん》以西に釘づけにしてしまった。東方経略に乗り出した秦にとっては、目の上のたんこぶのような存在である。そこで秦は魏の上層部に大量の工作資金をばらまいて信陵君の反対派を買収し、安釐王にこう吹きこませた。

「今や天下の諸侯は、魏に信陵君あるを知って魏王のあるを知りません。信陵君もそれをよいことに、ひそかに王位をねらっているとか。くれぐれもご注意ください」

また、秦はしばしば間者を信陵君のもとに送って、わざと、

「公子におかれては、すでに王位におつきになったことと思いますが……。まことにおめでとうございます」

と、早手回しに祝意を表させた。噂は安釐王の耳にもとどくはずだとの読みである。はたして王は疑心暗鬼にかられて信陵君を解任した。以後、信陵君は酒におぼれ、四年後、アルコール中毒で死んだ。秦は労せ

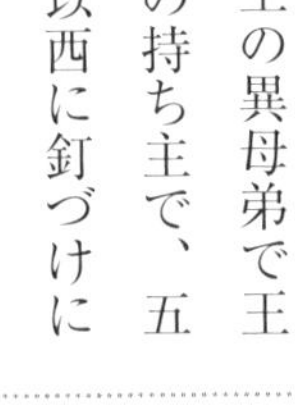

【信陵君《しんりょうくん》】生年不詳～紀元前二四四年頃。中国・戦国時代の魏の公子。名は無忌《むき》。寛大な性格と卓越した政治力で人材を集め、「窃符救趙」の奇策により趙を救うなど秦に対抗する功績を挙げた。戦国四君の一人として称えられるが、晩年は政争に敗れ失意のうちに没した

ずして目の上のたんこぶを葬り去ったのである。

《その2》やはりその頃、趙に李牧《ちょうりぼく》という名将がいた。前二二九年、秦が大軍を動員して趙に攻めこんだとき、防衛軍の総司令官に起用されたのがこの李牧である。秦はこれまでも李牧にさんざん手痛い目にあわされてきている。趙をたたきつぶすには、まず李牧を始末しなければならない。

そこで秦は、趙王の寵臣郭開《かくかい》に多額の金を贈って買収し、「李牧が謀反を企んでいる」と、王に吹きこませた。まに受けた趙王は、李牧をとらえて誅殺した。まもなく秦はやすやすと趙軍を撃破し、趙を滅亡に追いやったのである。

《その3》斉《せい》に対する謀略工作はさらに徹底したものであった。そのころ、斉では后勝《こうしょう》という者が宰相に任命されていた。秦はこの后勝に目をつけ、やはり多額の金を贈って買収したのである。后勝は秦の要請を受

【李牧】↓72ページ参照

け入れ、自分の部下や賓客たちを大勢秦に送りこんだ。秦はかれらにも多額の金を与え、秦の反間として斉に送りかえした。秦の意を受けたかれらは帰国後、口をそろえて戦争準備の中止を斉王に迫った。

のちに秦軍が斉の都臨淄《りんし》に迫ったとき、斉の人民は一人として抵抗する者がなかったという。反間たちの活躍で、国中がすっかり骨抜きにされて、抵抗の意思を失っていたのである。

3

事《こと》は間《かん》より密なるはなし

故に三軍の事、間《かん》より親しきはなく、賞は間より厚きはなく、事は間より密なるはなし。聖智にあらざれば間を用うること能《あた》わず。仁義にあらざれば間を使うこと能わず。微妙にあらざれば間の実を得ること能わず。微なるかな微なるかな、間を用いざる所なし。間事いまだ発せずして先ず聞こゆれば、間と告ぐる所の者とは、皆死す。

間者には、全軍のなかで最も信頼のおける人物を選び、最高の待遇を与えなければならない。しかもその活動は極秘にしておく必要がある。

間者を使う側は、すぐれた知恵と人格とをそなえた人物でなければ、十分に使いこなせない。

加えるに、きめこまかな配慮があって、はじめて実効をあげることができるのである。なんと微妙なことよ。いついかなる場合でも、間者の働きを無視することは許されないのだ。間者が極秘事項を外にもらした場合は、もらした間者はもちろん、情報の提供を受けた者も殺してしまわなければならない。

間者を使いこなす側の資質

現在、情報・謀略活動はいよいよ花盛りであり、宇宙からまで謀略の目が光っている。半面、CIAやFBIの活動が行き過ぎだとしてしばしば非難の対象となる。孫武がもし現代に生きていたら、かれらのドジ加減を「なんとトンマなことよ」と笑うにちがいない。情報・謀略活動はあくまでも極秘にしておかなければならないというのが、かれの認識である。かれがもしCIAやFBIの活動について批判を加えるとすれば、管理体制（コントロール・システム）の不備についてであろう。なぜならかれは、**「すぐれた知恵と人格をそなえた人物でなければ、間者を十分に使いこなすことができない」**と考えていたからである。

4 反間は厚くせざるべからず

およそ軍の撃たんと欲する所、城の攻めんと欲する所、人の殺さんと欲する所は、必ず先ずその守将、左右、謁者《えつしゃ》、門者《もんじゃ》、舎人《しゃじん》の姓名を知り、吾が間をして必ずこれを索知《さくち》せしむ。必ず敵人の間の来たりて我を間する者を索《もと》め、因りてこれを利し、導きてこれを舎す。故に反間、得て用うべきなり。これに因りてこれを知る。故に郷間、内間、得て使うべきなり。これに因りてこれを知る。故に死間、誑事をなして敵に告げしむべし。これに因りてこれを知る。故に生間、期の如くならしむべし。五間の事、主必ずこれを知る。これを知るは必ず反間に在り。故に反間は厚くせざるべからざるなり。

敵軍に攻撃をかけようとするとき、あるいは敵城を奪取しようとするとき、または敵兵を撃滅しようとするときには、まず敵の守備隊の指揮官、側近、取り次ぎ、門番、従者などの姓名を調べ、間者に命じてその動静を探索させなければならない。

敵の間者が潜入してきたら、これをさがし出して買収し、逆に「反間」として敵地に送りこむ。この「反間」の働きによって、敵の住民や役人をだきこみ、「郷間」「内間」とする。そのうえで「死間」を送りこんでニセの情報を流す。こうなれば、「生間」も計画通り任務を達成することができる。

君主は、この五種類の間者の使い方を十分に心得ておかなければならない。これらのうち最も重要なのが「反間」であるから、その待遇は特に厚くしなければならない。

陳平の反間工作

漢の高祖劉邦《りゅうほう》に仕えた参謀の陳平《ちんぺい》は謀略活動の名手で、しばしば「奇計」を考え出して高祖の危機を救った。高祖が楚の項羽との戦いで苦境に立たされたときのことである。

【劉邦】↓59ページ参照

【項羽】↓60ページ参照

「何ぞよい策はないか」と聞かれて、陳平はこう進言した。

「ご心配には及びません。項羽の側にもつけ入る隙がございます。項羽に従っている者で、剛直の臣はわずかに范増《はんぞう》、鍾離《しょうり》昧《ばつ》など数人にすぎません。そこでこのさい、黄金数万金の出費を覚悟のうえ、間者を放って相手の君臣関係をばらばらにし、たがいに疑心を生じさせるのです。感情的で、中傷に乗りやすい項羽の人柄からして、必ず内部分裂が起こります。それに乗じて攻撃をかけるのです」

　高祖はさっそく黄金四万斤を調達して陳平に渡し、「この金はすべてそなたが自由に使ってくれ。いちいち明細を報告する必要はない」

　陳平はこの金をふんだんにばらまいて反間をやとい、楚軍の中に、こんな噂を広めさせた。

「鍾離昧をはじめ諸将は項羽に仕えて大変な功績をあげたが、少しも評価してもらえないので、漢の劉邦に内応しようとしている」

　はたして項羽は、鍾離昧ら諸将に対する疑惑を深めた。

　折しも高祖のもとに項羽の使者がやってきた。陳平は豪華な宴席を設

【陳平《ちんぺい》】生年不詳～紀元前一七八年。中国・秦末～前漢初期の政治家・軍師。項羽に仕えた後、劉邦に登用され、知略を駆使して楚漢戦争で数々の策を献じ勝利に貢献。漢建国後は丞相を務め、王朝の基盤確立に寄与した

けておいて、使者の顔を見るなり、

「何だ、范増殿の使者かと思ったのに、項羽の使者であったか」

と、聞こえよがしにいうなり、用意した料理を下げさせて、あらためて粗末な料理を持ってこさせた。

項羽の使者は、帰陣するや、このありさまを詳しく報告した。これで、項羽の范増に対する信頼は、にわかにくずれた。以後、范増がどんな策を進言しても、聞こうとしなかったという。

陳平の反間工作によって君臣関係をバラバラにされた項羽の軍は、しだいに敗勢に追いこまれ、やがて高祖に滅ぼされてしまうのである。

神だのみの日本に情報戦で戦った米国

太平洋戦争のとき、多くの日本人は神だのみと竹槍によって勝てると信じていた。これに対してアメリカは、開戦まえから莫大な資金を投じて日本に関する情報を集めていた。

たとえば、当時のアメリカ海軍情報部に2Jという課があり、日本で

【范増《はんぞう》】 生年不詳〜紀元前二〇四年。中国・秦末期の楚の参謀。項羽に仕え、「亜父《あふ》」として信任を受ける。知略に長け、楚漢戦争で劉邦に対抗する策を多く献じたが、項羽の不信を招き失脚。後に楚を去り郷里で没する。楚の短命に繋がる要因とされるが、その才覚は後世に評価された

発行されていた新聞、雑誌、定期刊行物をすべて集めて分析していたばかりでなく、日本で発する電波までことごとくキャッチして分析していた。その結果かれらは、日本のあらゆる産業に関する統計はもちろん、日本海軍の何という軍艦の艦長はどこの誰それで、その性格はどうか、はては尉官クラスの勤務場所や任務まですべて調べあげていたという。

　こういう点から見ても、日本の敗北は当然の帰結だったのである。

【鐘離昧《しょうりばつ》】 生年不詳～紀元前二〇一年。中国・秦末～前漢初期の武将。項羽の腹心として楚漢戦争で活躍し、勇猛果敢な武将として名を馳せる。項羽の死後も劉邦に降らず、韓信を頼るが、劉邦の追及により自害。忠義を貫いた人物として知られる

5 上智《じょうち》を以って間となす

昔、殷の興《おこ》るや、伊摯《いし》、夏に在り。周の興るや、呂牙《りょが》、殷に在り。故にただ明君賢将のみよく上智を以って間となす者にして、必ず大功をなす。これ兵の要《かなめ》にして、三軍の恃《たの》みて動く所なり。

むかし、殷《いん》王朝が夏《か》王朝を滅ぼして天下を統一したとき、夏の事情に通じている伊尹《いいん》を宰相に登用して功業を成しとげた。また、周王朝が殷王朝を滅ぼして天下を手中におさめたときにも、殷の事情に詳しい呂尚《りょしょう》を宰相に起用して功業を成しとげている。

このように明君賢将のみがすぐれた知謀の持ち主を間者に起用して大きな成功を収めるのである。これこそ用兵の要《かなめ》であり、全軍の拠り所なのだ。

優秀な人材の招聘には金を惜しむな

伊尹《いいん》は殷の始祖湯《とう》王に仕えた人物、呂尚《りょしょう》（太公望《たいこうぼう》）は周の始祖文《ぶん》王に仕えた人物で、ともに賢宰相と称された。伊尹はもと夏にいたことがあり、呂尚もかつて殷の地にいたことがあると伝えられるが、ただし、いずれも間者として働いたという記録は残っていない。しかし、湯王にしても文王にしても、このような賢人をスカウトして補佐役に据えることによって王業の基をきずいたことは確かである。

企業にしても、新しい分野に進出をはかるようなときは、社内で十分な準備をととのえることはもちろんであるが、その分野に熟達した人物を参謀に迎えて、より万全の態勢をとるべきなのかもしれない。そのための金は惜しむな、と孫子はいっているのである。

【伊尹《いいん》】生没年不詳。中国・夏末期から殷（商）初期の政治家。湯王に仕え、夏王朝を滅ぼし商王朝基盤確立の中心人物として活躍

【呂尚《りょしょう》（太公望《たいこうぼう》）】生没年不詳。中国・周の始祖文王に仕えた軍師・政治家。優れた戦略と政治手腕で周の基盤を築き、後の武王による殷の討伐に貢献

本書は、小社より刊行した文庫を加筆・改筆・再編集の上、用語解説や図説を加えたものです。

孫子《そんし》の兵法《へいほう》

著　者——守屋　洋（もりや・ひろし）
発行者——押鐘太陽
発行所——株式会社三笠書房
〒102-0072 東京都千代田区飯田橋3-3-1
https://www.mikasashobo.co.jp
印　刷——誠宏印刷
製　本——若林製本工場

ISBN978-4-8379-4024-1 C0030

本書へのご意見やご感想、お問い合わせは、QRコード、
または下記URLより弊社公式ウェブサイトまでお寄せください。
https://www.mikasashobo.co.jp/c/inquiry/index.html

三笠書房

知的生きかた文庫

兵法三十六計

世界が学んだ
最高の〝処世の知恵〟

「戦わずして勝つ」――それは
「武力」ではなく「策略」で勝つ、
「力」ではなく「頭」で勝つということ

中国三千年来の「智略の集大成」！

- 優勢なときほど慎重な策略を
- 弱みを見せず弱みにつけこめ
- ムダな消耗戦は絶対に避けろ
- 敵にも味方にも絶対隙を見せるな
- 逆転勝利の秘策はいくらでもある

…他

中国文学の第一人者
守屋 洋の「兵法」シリーズ

諸葛孔明の兵法

「三国志」最強の軍師に学ぶ
生存戦略・処世訓

劉備に「天下三分の計」を説き、
「蜀漢」建国へと導いた
孔明の異才がわかる〝魂の兵法書〟

「負けぬ戦い」「優れた組織」の絶対ルール

- 「城」を攻めるな！「心」を攻めよ！！
- 治世は大徳をもってすべし
- 部下がついていきたいと思うリーダー5つの条件
- 攻めるべき10の敵、攻めてはいけない5つの敵
- 勝敗の帰趨を占う12のポイント

…他

T20108